湛庐CHEERS

与最聪明的人共同进化

HERE COMES EVERYBODY

不再害羞

Shyness

如何提高你的社会适应力

[美] 菲利普·津巴多 著
Philip G. Zimbardo

段鑫星 等 译

北京联合出版公司
Beijing United Publishing Co.,Ltd.

Philip G.Zimbardo

"当代心理学的形象与声音"

没有一个学心理的人不知道津巴多的名字，他设计的斯坦福监狱实验堪称心理学史上最残忍、最震撼的实验之一，而他主编的普通心理学教材则被誉为“比小说还好看的教科书”，吸引着全世界无数学生迈入心理学的殿堂。在历时半个多世纪的研究和教育生涯中，他始终致力于用心理学的力量让人类变得更好。在人们的心目中，他就代表着“当代心理学的形象与声音”。

贫民区里走出的高才生

- 1933 年 3 月 23 日，祖籍西西里岛的菲利普·津巴多出生于美国纽约的贫民区。虽然成长环境不尽人意，津巴多却成功把持住了自己，在校园里独占鳌头。

- 21 岁那年，他以最优异的成绩毕业于纽约城市大学布鲁克林学院，同时获得心理学、社会学和人类学三个学士学位。

- 1959 年，他获得耶鲁大学心理学哲学博士学位，先后在耶鲁大学、纽约大学、哥伦比亚大学和斯坦福大学任教。正是在斯坦福大学里，津巴多开始了令他名声大振的斯坦福监狱实验。

设计恶魔实验的善心人

- 在斯坦福大学心理学系大楼的地下室里，24 名自愿报名的学生被随机分为“囚犯”和“看守”两组，模拟一个监狱情境。进入角色的学生们释放了难以置信的人性之恶，一度导致激烈冲突：“看守”以残酷的手段侮辱和虐待“囚犯”，而“囚犯”则进行了反抗。这一结果令津巴多本人也始料未及。在女研究生克里斯蒂娜·玛丝拉奇（Christina Maslach）的劝说下，他提前结束了实验。（后来玛丝拉奇和津巴多已喜结连理，两人从此幸福地生活在一起。）

- 这个实验揭示了环境对人性的巨大影响力，引发了强烈的反响，连续三次被搬上银幕，最近的一次是 2015 年的好莱坞影片《斯坦福监狱实验》。

- 2004 年，津巴多作为专家证人在阿布格莱布监狱虐囚案中出庭，主张责任并不仅仅在于监狱看守个人，也在于监狱情境的强大压力。根据在该案中获得的知识和之前的实验，津巴多写成了畅销书《路西法效应》（*The Lucifer Effect*）。

发现日常英雄的研究者

- 斯坦福监狱实验之后，津巴多决心寻找利用心理学帮助人们的途径，在多个领域开展了一系列与人们的幸福生活息息相关的研究。

- 他在加利福尼亚州门洛帕克成立了害羞诊所，治疗成人和儿童的害羞，并将其研究成果写成了《不再害羞》一书。他还研究了时间观念理论，通过对时间观的矫正，开发出一种全新的临床心理治疗方法，帮助人们更好地关注现在和未来。

- 近年来，津巴多开展了一项名为“英雄想象工程”的研究，寻找到底是什么因素能够让平凡人变成“日常生活里的英雄”。他认为，任何年龄和国籍的人，都可通过“英雄想象”而表现出英雄举动，克服社会及心理的阻力，做有益于他人及社会的事，从自身的正面改变开始，进而令整个社会更美好。

- 他的另一项研究成果则关注了高科技时代对男孩的影响，在《雄性衰落》一书中，他揭示了当今社会中男孩们身处的困境，倡导全社会共同努力解决一代年轻男性正在面临的成长危机。

济世利人的心理学大师

津巴多发表过 400 多篇学术著作，其中包括超过 50 本的科普读物和教科书，作为全球许多知名大学的普通心理学课程教材，他的作品引领无数初学者和业余爱好者进入了心理学的殿堂。他还参与制作了曾获大奖的《探索心理学》系列节目，担任主持人，亲自为大众讲解心理学知识。他风趣幽默的语言、浅显易懂的表达，让更多的人了解并爱上了心理学这门实用而有趣的学科，他也成为世人熟知和尊敬的心理学家之一。

“津巴多是一位传奇的教师，他改变了我们对社会影响的思考方式。”

津巴多（右）与助手库隆布（左）

菲利普·津巴多作品

十周年纪念版序　克服害羞，就是克服自我设置的牢笼 / 001

中文版序　害羞是一种可以克服的社交焦虑 / 003

引言　害羞：内在冲突导致的社会适应力不足 / 007

第一部分　你为何无法摆脱害羞

01　害羞是社交焦虑者的“面具” / 017

害羞：对他人和社交活动感到焦虑 / 020

害羞是一种普遍现象 / 022

男性真的比女性社交能力更强吗 / 024

害羞的不同状态：从偶尔焦虑到无法社交 / 026

缺少社交：寻求自我存在的状态 / 030

02　害羞者充满焦虑与不安的内心世界 / 033

社交躲避者：面对焦虑的反应 / 035

极端的自我认知：害羞者的性格特征 / 039

是否善于社交：别人眼中的你和自己眼中的你 / 047

对事件的归纳能力影响人的自我界定 / 049

03 人们为什么会在社交中感到害羞 / 053

人格特质理论：基因和遗传的结果 / 055

行为主义理论：后天习得 / 056

精神分析理论：内在冲突的表现 / 059

社会生态角度：情境的作用 / 063

其他观点 / 071

04 父母和老师：让孩子害怕社交的“幕后推手” / 073

父母的过分期待导致相反的结果 / 075

老师的忽视使害羞的情况加剧 / 082

焦虑会使记忆力下降 / 089

每个人都能摆脱焦虑，走向幸福 / 090

05 习惯性害羞者难以逃脱的困境 / 097

无法建立良好的人际关系 / 099

无法维持亲密的恋爱关系 / 111

06 易被忽视的害羞，会导致严重的社会问题 / 117

性爱交易：替代稳固的亲密关系 / 118

酗酒：借以掩盖自己的无能感 / 122

暴力与犯罪：发泄郁积的挫败与愤怒 / 126

顺从于社会控制：换取默默无闻的安全感 / 132

第二部分 如何克服害羞，有效提升社会适应力

07 第一步：重新认识你自己 / 137

发现真正的自己 / 139

探索童年和家庭对你的影响 / 144

想象你的理想人生 / 146

规划生命的落幕 / 150

给自己写一封信 / 151

08 第二步：坦然面对你的焦虑 / 153

测测你究竟有多害羞 / 155

造成你害羞的原因 / 164

找到你应对害羞的方式 / 166

记录你的害羞攻坚战 / 170

09 第三步：呵护你的自尊心 / 175

低自尊者：自己最大的敌人 / 176

理性地与他人进行比较 / 178

自我肯定练习 / 180

放松自己 / 190

10 第四步：提高你的社交技能 / 193

重视行动的力量 / 195

掌控真实的你和角色中的你 / 197

改变行为练习 / 200

11 第五步：帮助他人走出害羞的困扰 / 219

认同、理解孩子的行为 / 221

培养孩子的自立能力 / 228

了解孩子的友谊关系图 / 229

锻炼孩子的社交技能 / 230

给予孩子抚摸和信任 / 231

给予爱人自由与自主性 / 235

害羞自助小组与害羞诊所 / 236

12 塑造人人都具有社会适应力的社会 / 239

改变使人缺乏社会适应力的社会文化因素 / 241

文化观念如何使人变得害羞 / 244

害羞是文化价值的外在表现 / 253

译者后记 / 255

克服害羞，就是克服自我设置的牢笼

我从来不是个害羞的人，相反，我很外向，能适应各种各样的社会情境和场合，并一直努力给弟弟妹妹和朋友们带来快乐。所以，我对害羞的兴趣并非源自个人动机，而是出于学术上的考虑。

奇怪的是，我研究害羞的动力来自 1971 年的斯坦福监狱实验。在后来讲授这个实验时，我把害羞比喻成自我强加的心理监狱。在这个比喻里，害羞的人既是监狱看守，规定自己不许自由交流，不许与他人交往；也是监狱中的囚犯，不情愿地接受了这些限制，并因为这些限制而降低了自己的自尊。害羞的人会因为很平常的原因而感到焦虑，表现出来，就是缺乏足够的社会适应力。

1972—1975 年，我开始对害羞进行首次系统的研究。我带领斯坦福的研究团队进行了大规模调查、实验研究和跨文化研究，1977 年，我们创办了斯坦福害羞诊所，诊所治疗的成功率达到 100%，如今它仍在运作。具体情况请访问 www.shyness.com。

在研究的过程中，其中一个非常有趣的发现是，亚裔美国学生的害羞程度比较高，而犹太裔美国学生在所有被研究的群体中，害羞程度是最低的。

我们跟踪调查了亚洲国家和犹太国家的受访者，也得到了类似的结果。有数千人参加了斯坦福大学的害羞调查，我们的基本结果显示大约有 40% 的人害羞，而亚洲人的比例为 60%，犹太人的比例为 25%。

自本书第一版出版以来的几十年间，关于害羞，出现了很多新的研究和新的治疗形式。

最成功的新疗法是林恩·亨德森（Lynne Henderson）博士的社交健康训练计划（Social Fitness Training）。她没有把害羞当作一种严重的社交障碍，而是将其当作一种缺乏公开练习基本社交行为的表现。社交健康训练计划类似于通过锻炼使身体更健康。详情同样可以参见 www.shyness.com。

另外，在心理学家伯尼·卡尔杜齐（Bernie Carducci）写的《如何闲聊》（*How to Make Small Talk*）一书中，也介绍了一种能够帮助害羞者克服害羞、适应社会的方法。

在这里，我还想再添加最后一点见解。在全球范围内，害羞的男孩子在大量增加，因为他们玩电子游戏成瘾，喜欢独自一人待着，看了太多网上免费的色情作品——在没有被政府限制的地方。这些现象使数以百万计的男孩和年轻人宁愿生活在人造的网络世界中，而不愿生活在我们共享的社会现实中。在我的《雄性的末日》（*Man Interrupted*）一书中，有我对这个新趋势的研究和对其危害的警告。

害羞是一种可以克服的社交焦虑

我很高兴能听到《不再害羞》中文版即将面世的消息。自 1972 年以来，我一直致力于探索害羞产生的原因、导致的结果以及害羞到底与什么相关。随着研究的不断深入，我也深深地被人类害羞的现象吸引，并加深了对害羞研究的兴趣。我一直都希望能够将心理学的客观研究成果应用到现实生活中，帮助更多的人克服害羞，当然，我绝不仅仅是希望帮助美国的害羞者，而是想帮助全世界所有的害羞者。

我的研究小组发现，在人类所有族群中，害羞在亚裔美国人中最为普遍，这一现象也从跨文化调查中得到了证实：我们研究了很多国家的人，其中，中国人和日本人是最害羞的。我们也曾探究过原因，发现在亚洲文化中，害羞往往被当作一种美德，如晚辈对长辈尊敬、谦逊和低调的举止，人们更愿意成为团体中的一员，而不是与众不同的个体。但是，大多数的受访者也表示，希望自己不要害羞，或者没那么害羞。

害羞会限制一个人的言论自由和个人发展，很多人把它描述为“自我施加的心理监狱”。因此，在本书的第二部分，我特别介绍了很多帮助克服害羞的练习，你可以自己做，也可以和其他人一起完成。我在斯坦福大学建立的害羞诊所现在也是帕洛阿尔托大学（Palo Alto University）计划的一部分，我们的一些观点已经在这里得到了验证。

在本书面市之后，我们在害羞的治疗上又有了一些新的进展，下面我会对此做一下简要说明。

用认知行为疗法治疗社交焦虑

1977 年，我在斯坦福大学心理学系建立了第一个害羞诊所，旨在探索和试验不同的治疗方法。在确证了其中三个最主要的治疗策略都可以明显减轻青少年和成年人的害羞症状后，我们把诊所开进了社区，让更多想要克服害羞的人能够得到帮助。现在，害羞诊所是帕洛阿尔托大学医疗保健中心的重要组成部分，继续从事害羞治疗工作，并且作为研究中心对害羞进行全方位的调查研究。我们的基本方法是，在最初的个人面谈问诊之后，对害羞者进行团体治疗。每个小组由包括男女在内的 4~8 个人组成，并且配有男性和女性治疗师，每个疗程持续 8~12 次。

在治疗过程中，我们有三个主要策略，分别是：

1. 减少焦虑：运用冥想练习、放松练习和机能反馈疗法等方法减少焦虑；

2. 认知重建：纠正害羞者给自己的消极信息，使他们变得更加积极，并愿意获得支持；

3. 培养社交技能：通过示范、在小组中公开表演、建设性反馈等方法，帮助他们培养基本的社交技能。

在每两次治疗之间，小组成员还要完成我们安排的“家庭作业”，他们需要在家、学校和工作单位做相关的练习，并将这些经历和组员们分享。

我们运用的认知重建方法是认知行为疗法（CBT）的核心，也是治疗包括害羞在内的焦虑障碍的主要策略。从专业角度来讲，**害羞属于社交焦虑症（SAD）的范畴**。在这方面的最新进展是，我们正在研究正念减压法（MBSR）的有效性。**害羞是产生和思考更多消极的自我参照的过程，这也是导致整体社会评价趋于负面的原因之一**。新的研究表明：这种自我参照过程（SRP）可以通过参加一系列的心理学练习来改变。慢慢地，害羞者会在平时有意识地留心自己注重自我缺点、忽视优点的无意识心理过程。相比于没有接受正念训练的害羞者，使用正念减压法的人增加了积极的自我认知，减少了消极的自我认知，并且减轻了焦虑症状，增强了自尊。因此，正念减压法可以减少社交焦虑症中不适应的自我认知。

减少社交焦虑：克服害羞的前提

有些药物能够减轻害羞的生理症状，但对害羞者的内心感受并没有任何作用。如果你是一个非常害羞的人，并且决定使用药物进行治疗，那么，请务必找一位专业的心理医生，请他介绍一下每种药物的疗效和不良反应，并且根据自己的情况对症下药。

研究显示，认知行为疗法和药物相结合的结果是令人失望的，加入药物治疗后，治愈的概率只提高了不足3%，并且，那些长期服用抗抑郁药物的人确实不如没有用药的人治愈率高。所以，研究者需要重新考虑抗抑郁药物是否对所有人都有疗效，而在这里，医生的指导用药就显得更加重要了。我们可以充满希望地认为，无须连续使用的低剂量药物，可能比须常年服用的高剂量药物更加有效。

总的来说，我认为，对大多数人而言，**害羞是一种习得性心理状态，人们可以通过提高社交技能、改变消极的自我认知、运用冥想练习而非药物治疗**

等方式减少社交焦虑，缓解和克服害羞。

我真诚地希望，中国的读者可以通过《不再害羞》一书学到有价值的知识，比如害羞会给人带来什么影响，如果决定改变害羞的心理该如何做等。

最后，我还要鼓励中国的学者对害羞进行系统研究，因为我们所做的工作只是对害羞总体情况的概述。为了更好地理解人类的本性，还有很多研究工作需要我们共同努力！

害羞：内在冲突导致的社会适应力不足

在过去的多年里，我指导了害羞心理学的研究，帮助大家理解人类天性中这令人着迷的一面。作为一个父亲和教师，对于“害羞对儿童以及青少年的影响”这一问题，我有着特有的敏感。而作为一名社会科学家，这种特有的敏感促使我对“害羞”产生了浓厚的兴趣，并对其进行了系统分析。

害羞研究：斯坦福监狱实验的延伸

我曾经在斯坦福大学做过一场演讲，主题是“一定的社会情境会对人类思维、感觉以及行为方式产生深远的影响和改变”。为了更好地说明这个问题，我为大家讲述了当时刚刚结束的监狱实验，即让大学生在一个模拟监狱中分别扮演警察和犯人的过程。尽管参与实验的人都是精心挑选出来的，而且根据先前的心理测试，他们的心理也都是完全正常的，但是，仅仅在监狱里待了几天，他们的行为便开始变得古怪，甚至出现了病态行为。

在实验中，“警察”对待“犯人”的行为表现从最初的压抑自己变成了后来的粗鲁，甚至是暴虐；而“犯人”对权力则表现出消极、无助的状态，最后转为一味懦弱地遵守监狱中的所有条令。这个实验本来计划要进行两个星期，但由于模拟监狱中参与实验者的人格和价值观产生了急剧的变化，在六天之后，实验便不得不宣告结束。

这些仅靠掷硬币来随机选择扮演“警察”和“犯人”的男孩，为何没有经过训练就如此轻易地进入了角色呢？这是因为他们在家庭、学校等日常生活中，或者通过媒体曾体会过拥有权力的感觉或经历过不公正的待遇，已经理解了“警察”和“犯人”的身份对他们意味着什么。

在现实生活中，社会对警察的管理主要依靠权力机关制定的规章制度，这些规章制度详细规定了什么事情是人们愿意做却不能做的，什么事情是人们不愿意做但又必须做的，因而他们的行为自由经常受到限制。而犯人虽然可以选择服从命令，但也可以选择反抗这些强制性的命令，而反抗带来的结果通常只会是惩罚，因此，实验中大多数“犯人”都选择了服从命令，去做“警察”希望他们做的事情。

在与学生讨论的过程中，我发现，警察与犯人之间的心理状态与夫妻之间、亲子之间、师生之间、医患之间的心理状态是一致的。我问他们：“你能想象这两种思想同时出现在一个人的大脑里，这两种思维方式同时出现在一个人的身上吗？”答案应该是“是的”，而在出现这种状况的人中，最典型的例子就是极度害羞的人。

有一些害羞的人同时具有做一件事的愿望以及怎样做好这件事情的打算，却不能付诸行动，比如参加舞会时，害羞者知道怎么跳，也想要与人一起跳舞，却不敢邀请别人，或者不敢接受别人的邀请。与之类似，在课堂上，有些害羞的学生知道问题的答案，也想给老师留下一个很好的印象，却不敢举手和吱声。他们之所以羞于行动，是因为他们体内的“警察”发出了指令，比如“你这样看起来很可笑”“大家会嘲笑你”“这里不是做这种事情的地方”“我不允许你这样做”“不要举手，不要做志愿者，不要跳舞，不要唱歌，不要做什么事情让自己看起来与众不同”“只有不被他人看到或听到你才是安全的”。于是，害羞者体内的“犯人”便决定不再去冒险，而表现出懦弱的顺从。

这次演讲结束后，有两个学生来找我，希望我能针对他们的问题提供更多的有效信息。他们的问题是：害羞使他们备受折磨，只要是在公共场合，他们就感到很困窘。你可能会惊讶于他们的反应是多么不正常，但在年轻人中，这其实并不罕见。我能做的只有倾听，却解释不了害羞的原因、导致的后果以及“治愈”的方法，所以我只好建议他们到图书馆看书去寻找答案。

全新探索角度：使人人都能完全参与社会生活

演讲期间，大家知道我将要开一个讨论害羞的非正式会议，于是，很快就有 12 个学生加入了进来。会议刚开始的时候，学生们并不活跃，也没有展开激烈的讨论，但当话题转移到他们最关注的害羞上时，大家便开始积极分享自己的经历了。

我们一起回顾我们所知道的关于害羞的科学研究方法，可令人惊奇的是，几乎没有什么研究是有价值的。以往，对于害羞的研究都是有关人格特质的，例如困窘、爱面子、怯场、演讲障碍等，却没有对害羞的心理动力做出直接和系统的研究。**我们需要了解害羞心理对害羞者有怎样的影响，对他们的遭遇有怎样的影响，对社会大众又有怎样的影响。**头脑中有了这些主题，我们的小组便准备了一些问卷，去调查大家是否有过害羞的经历，询问大家与害羞有关的想法、感觉、行为以及生理特征。我们也尝试探索什么类型的人以及在什么环境中，人更有可能害羞。

最初，参与调查的有近 400 名学生，我们对调查问卷的有效性做了认真的修订。现在，有将近 5 000 人填写了关于害羞的调查问卷，然后我们对其中重要的信息进行了汇总。我们的研究小组同时还做了上百次深度调查，并在各种场合下对害羞和不害羞的人们进行观察。为了研究害羞与其他反应的特殊关系，我们也在实验室情境下进行了控制实验。而与一些家长和老师进行的探讨，也填补了我们关于害羞复杂性知识方面的空白。

在我的研究中，大部分数据来自美国的大学生。与此同时，我们也在扩展研究范围，希望涉及非大学生人群和来自不同文化的人，比如海军新兵、商人、肥胖症患者、与害羞者有接触的人，以及小学生、初中生和高中生。远在国外的同道者也为我们提供了来自日本、中国大陆、中国台湾地区、夏威夷、莫斯科、印度、德国和以色列的关于害羞的研究信息。

参与问卷调查的大多数人都想知道怎样才能克服害羞。为了更好地掌握新的治疗方法，我们在斯坦福大学设立了害羞咨询中心，并在中心进行了各种可能对害羞者有所帮助的实验。通过咨询中心，我们希望帮助人们克服他们的害羞，并了解更多关于这个普遍问题的特点。

比起最初对于害羞以及人们为什么害羞的关注，我们的知识有了更进一步的拓展，但很多问题依然无法得到解答。我们的研究课题是对时而微妙、时而迷惑的害羞现象的方方面面进行持续性调查。通常，研究者只有在掌握大量第一手资料后才会开始考虑写作。然而，那些承受着害羞带来的心理负担的人难以忍受了，他们通过信件、电话以及个人呼吁的方式发出请求，这也促进了本书的迅速出版。希望本书能够提供有用的信息和实用的工具，帮助人们克服害羞。

如何阅读本书：从深度理解害羞到改变自我

本书分为两个部分。第一部分的重点是**理解与害羞相关的内容**。你将会了解，经历不同类型的害羞意味着什么，害羞者会遇到什么独特的问题，害羞的起因以及人们应该如何对其进行分析。你也将会发现，在一个人变得害羞的过程中，家庭、学校和社会分别扮演着什么角色。同时，你将看到害羞怎样使人难以获得亲密关系，使人无法获得愉快的异性关系。害羞可能是个人经历，但这种影响是整个社会都能觉察到的。因此，在第一部分的结尾，我会提出一个观点：**害羞会通过与暴力、酗酒、社会运动、性以及破坏性行为发生不明显的关联，引起社会问题。**

第二部分的重点是**怎样解决害羞带来的问题，提高社会适应力**。你将会了解如何有效地改变人们对害羞以及自身的看法。通常来说，害羞更可能是由于无法实践一定的社会技能导致的，而不是简单的因为缺乏自信或者对社会环境有莫名的恐惧。如果你想拓展这些缺失的技能，可以在这一部分找到一些简单的策略去提高个人的社会适应力。

如果你相信自己，并且愿意舍弃害羞带来的“不义之财”，你就一定可以得到明显的改变。记住，此刻那些害羞者中只有很少一部分人会永远如此，越来越多的人最终能够成功地克服害羞，而在我们的调查中这个比例是 40%。而且，即使无法完全克服，害羞也可以得到一定程度的缓解，当然，前提是付出艰苦的努力。

有时候，惯性的力量使我们故步自封，妨碍我们开发自己的潜力。要想击败如此强大的敌人，需要自己真正行动起来，如每天进行 10 分钟的练习。如果你不想再做一个害羞的人，就必须决定自己要成为一个什么样的人，并为这个目标付出大量的时间和精力。本书介绍的很多方法就是要帮助你这么做。它们将从以下几方面帮助你：

1. 重新认识你自己；
2. 坦然面对你的害羞；
3. 呵护你的自尊心；
4. 提高你的社交技能；
5. 帮助他人走出害羞的困扰。

看一下这些练习要求你做些什么，然后考虑一下你是否需要增加一些特别的练习内容。有的简单练习可以随时随地完成，有些稍显复杂的练习则需要花费更多的时间，并与他人共同完成。有些练习需要你先完成某个任务，再了解其他练习的内容。

并不是第二部分的所有建议、忠告、方法和练习都符合你的需求。你可以选择适合自己的，并与朋友分享适合他们的。如果你认为这些练习非常愚蠢，有失你的身份，那大可不必理会。但是，被动地阅读而不去照做是绝对无效的，如果你想要有所改变，就必须从行动开始。因为保持害羞远比走出害羞容易，仅仅做表面化的练习相对容易，但彻底地改变自己的全部个人计划却更加艰难。

我的兴趣仅在于帮助害羞的人克服困难，使他们获得更大的自由，可以完全参与到社会生活中，建立个人的价值感与自尊感。这些都不是别人可以给予你的，要靠你自己去寻找、去努力，有所收获后还要懂得坚持。这些主动权都在你的手中，我希望害羞者能尽自己最大的努力摆脱害羞，重获自由。

即使现在有一种魔法般的良药可以治愈每个害羞者，但是怎样阻止害羞给我们的子孙后代带来焦虑呢？在最后一章中，我会提出最具感召力的问题：**存在害羞问题的社会也需要治疗**。以往对害羞者的治疗方法是不够的，我们必须尽最大的可能，重新改造社会环境以阻止害羞的萌生。

害羞是潜藏于心的个人问题，但如果这种问题开始流行并达到让人们察觉的程度，就会被称为“社会疾病”。社会的发展趋势表明，因为社会压力给人们造成的孤独、竞争和寂寞，害羞会在将来变得更严重。所以，我们必须马上开始行动，否则我们的子孙将会变成害羞的囚徒。这是谁也不愿意看到的结果，而为了阻止这样的结果发生，我们必须从现在开始了解什么是害羞，为害羞者提供治疗环境，让他们可以在这种环境里摆脱自我封闭，重获他们失去的言论自由、行动自由以及交往自由。

或许，纳撒尼尔·霍桑（Nathaniel Hawthorne）已经思考过了人类害羞的问题，他曾写道：

> **什么样的地牢如此黑暗，像人心一样？什么样的狱卒如此无情，像人的本性一样？**

我相信，我们能够学会把一个极度害羞的地狱变为天堂。这并不容易，但绝对是有希望和可能的，让我们拭目以待吧。

你知道如何提高自己的社会适应力吗？

扫码鉴别正版图书
获取您的专属福利

扫码获取全部测试题及答案
一起了解那些不为人知的
关于害羞的知识

- 害羞只是少数人的行为吗？

  A. 是

  B. 否

- 害羞不用看医生，可以通过自我调节加以改善，这是对的吗？

  A. 对

  B. 错

- 假设你去修车厂修车，一开始谈好的价格是 1000 块，但后来修理工临时涨价，把价格提到了 2000 块。这时如何与商家交涉才能更有效地解决问题呢？

  A. 直接愤怒地质问商家为什么涨价

  B. 不与商家沟通直接拨打消费者热线

  C. 遵从“DESC 剧本”步骤表达自己的想法和意愿

  D. 直接给 2000 块省得生气

SHYNESS

WHAT IT IS, WHAT TO DO ABOUT IT

第一部分 你为何无法摆脱害羞

“害羞”是一个我们都很熟悉却不会深思的词，在我们的观念中，害羞可能并不能称为一个问题，但这只是一种误解。实际上，害羞是一种社交焦虑症，是社会适应力不足的体现，因程度的不同会给人的工作、生活带来不同的影响，甚至会产生一系列的社会问题。我用了数年的时间对“害羞”这种现象进行研究，而这一部分就对这一研究的结果进行了系统的分析。

在这一部分，我会重点讲解如何来理解害羞这种现象。你会通过以下几个方面来了解害羞：

1. 经历不同类型的害羞意味着什么；

2. 害羞的人会遇到什么独特问题；

3. 害羞的起因以及人们应该如何对其进行分析；

4. 在一个人变得害羞的过程中，家庭、学校和社会分别扮演着什么角色；

5. 害羞怎样使得亲密关系变得困难，使愉快的异性关系变得不可能；

6. 害羞如何通过与性、酗酒、暴力、犯罪、社会运动等行为发生不明显的关联而引起社会问题。

害羞是潜藏于每个人内心的个人问题，它不仅会使人无法正确处理基本的人际关系，给人带来一系列的心理障碍，更会带来一些社会问题，因此，我们应该对其提高警惕，充分了解。

01

害羞是社交焦虑者的“面具”

SHYNESS

WHAT IT IS, WHAT TO DO ABOUT IT

不论你在公众面前表现得如何，当你认为自己害羞时，你就是害羞的人。

记得4岁的时候，因为害羞，我用各种方法躲避那些来家里看望我们的人。他们都是我认识的人，比如我的堂兄、姑妈、叔叔、家里的朋友甚至是我的兄弟姐妹。我藏在洗衣篮、壁橱、睡袋、大篮子里，甚至床底下，以及家里很多可以藏人的地方，而这都是因为我害怕见人。随着我逐渐长大，情况变得越来越糟。

更糟了吗？当听到以上这段类似于伍迪·艾伦（Woody Allen）风格的话时，我们总会忍俊不禁。很显然，有些人笑只是为了防止将这段话与自己高中时的痛苦记忆紧密联系在一起。我们宁愿相信那是在夸张，相信生活不可能那么糟。但是，对于很多害羞的人来说，生活的确就是那么糟。

因为得了小儿麻痹症，我的弟弟乔治需要使用腿部支架，这也导致他对人产生了病态的恐惧。只要听到敲门声，他就会环顾四周，寻找家人的身影，如果有家人在，他就会迅速藏到床下或是选择更加安全的方法躲起来，比如把自己反锁在浴室里。只有在家人的再三恳求下，他才会变得理智些，出来向邻居或亲戚问好。

我的母亲很善良，并且具有洞察人类本性的天赋。她决定趁乔治的害羞还不是特别严重的时候帮助他克服。那时，乔治已经不再需要腿部支架了，但是他仍然很自卑。母亲认为乔治应该和其他同龄的孩子待在一起，因此，尽管乔治只有四岁半，母亲还是毅然说服公立学校接收了他。母亲经常回忆当时的情况。

在最初的一整天里，乔治几乎都在不停地哭泣或抽噎，近乎惊恐地抓着我的衣服。每当有老师或者其他孩子朝他看时，他就会把头埋在我的膝盖上，或是抬头盯着天花板。但每当班里有老师讲故事时，他就情不自禁地去听；当小朋友玩音乐玩具时，他也会忍不住去看，好奇心让他不再哭泣。

我想，如果乔治可以变成隐形人，悄悄地观看并加入游戏中去，其他孩子也可以跟他和睦相处，那他就不会如此不自在了。很显然，他不可能消失不见，但他可以做到另外一件事——变成像他心目中的英雄“孤胆奇侠”一样的假面人。

晚餐后，我鼓励乔治和我一起把一个棕色的购物纸袋做成面具。我们剪出眼睛、鼻子和嘴巴，为了让面具更吸引人，还稍微涂了些颜色。他非常喜欢戴面具，并让我一遍遍地重复问“戴面具的小孩是谁”。他也会很高兴地回答“是孤胆奇侠”，或“是无名氏”，又或者只是像狮子一样吼叫。有时他还会把面具摘下来，好像是想让我确认戴着面具的仍然是他。

乔治的老师也同意实施我的计划，事实上，她不仅同意了，还做了很多事情帮助我推动这项计划。她对其他孩子说，新来的孩子会戴一个特别的面具，大家可以和他一起玩耍，但不能摘掉他的面具。令人惊奇的是，这个不同寻常的方法竟然奏效了。尽管乔治和其他的孩子分开坐，但他仍然是班里的一分子。当他不想被认出来的时候，也不需要隐藏自己。渐渐地，他同其他孩子越走越近，几周后，他就开始和其他孩子一起玩耍了。

在幼儿园的第二年里，随着对班级事务的日渐熟悉，乔治越来越自信了，但他仍然戴着面具——早上上课之前戴上，只有当哥哥来接他回家时才会摘下来。

接着，在学年快结束的时候，一年中最重要的一天要到了，班级表演队要给快毕业的孩子们的父母表演节目。因为乔治已经在这里顺利度过了一年，而且在表演节目方面也算经验丰富，老师就问他："你想做表演队的队长吗？"听完，他兴高采烈地跳上跳下。随后，老师灵机一动，说道："乔治，你知道表演队队长是不能戴面具的，只能穿精美的服装，戴上高高的帽子。所以，如果你想成为表演队队长的话，就要摘下你的面具，穿上这套衣服，可以吗？"乔治毫不犹豫地答应了。

就这样，乔治不仅是班里的一员，还成了表演队队长。他叫喊着，要让所有的人都注意到！他不再需要面具，并且逐渐变成一个更快乐、更健康的孩子。尽管他不是特别外向，但他确实和孩子们建立了深厚的友谊，无论男孩还是女孩。后来上初中和高中时，他一直都是班长。

乔治把面具戴在脸上长达一年半之久，这听起来似乎很奇怪。但这种新颖的方法使他渐渐开始与别人进行交流，并使他最终摘下了面具，做回了真正的自己。对于极其害羞的男孩来说，这种戴面具的方法是有效的。但其他人可能就没有乔治这么幸运了。或许在学会如何解决此类令人苦恼的难题之前，他们就已经长大成人了。

害羞：对他人和社交活动感到焦虑

害羞或许是一种心理障碍，是一种社交焦虑症，它具有同最严重的身体缺陷一样的致残性，而且它带来的后果可能是毁灭性的。

1. 害羞的人很难接触别人、结交朋友或是享受可能很美好的经历。

2. 害羞的人无法维护自己的权利，不能表达自己的观点和价值观。

3. 害羞使别人难以对你的优点做出积极的评价。

4. 害羞会唤起人本能的警觉性，使你过分关注外界对自己的反应。

5. 害羞使你无法清晰地思考和有效地交流。

6. 害羞总是与挫败、担忧和孤独等消极情绪相伴而生。

害羞最重要的表现之一就是害怕人，尤其是害怕那些不知为何会让自己在情感上受到威胁的人，比如新奇而又不确定的陌生人、权力在握的权威者、可能与你甜蜜邂逅的异性。的确，每个人都会使乔治和本章开篇故事中提到的那个 4 岁小孩感到害怕，他们就是极其生动的案例。但其实，我们的生活里每天都有各种各样类似的问题。

你是否有过这样的经历：去参加一个很热闹的聚会，你只认识女主人，而她不在。有人问你是谁，你却紧张得不知道该说什么。或者你加入了一个小组，组长很高兴地建议大家都介绍一下自己，说说自己的喜好，以便更好地互相了解。于是你很快就进入了自我排练状态：“我叫……（真是该死，哦，对了）……菲利普·津巴多，我是一个……一个……人（还不够具体的，为什么不说我喜欢看电影呢？）”重来一次，不说个人爱好了：“我是……，呃……！”这种经历非常常见，如果你也经历过，那么即便你不害羞，至少也能体会到害羞者所经历的痛苦了。

虽然害羞会产生消极的后果，但它是可以克服的。而要做到这一点，我们先来了解一下什么是害羞，然后再制订计划来克服它。

害羞是一个模糊的概念，研究越细致，就会发现它的种类越多。所以，我们只能尽可能多地了解什么是害羞，然后再考虑怎样克服它。根据《牛津英语大词典》的记载，历史上最早使用“害羞”这个词的是盎格鲁－撒克逊人的一首诗，该诗写于公元 1 000 年左右，在这首诗中，害羞的意思是“很容易害怕”。说一个人很“害羞”，就是指他“因为胆小、谨慎或不信任他人而难以接近”。

害羞的人通常很谨慎，不乐意遇见某些特定的人或事。他们谨言慎行，不妄下断言，胆小而又敏感。害羞的人也可能生性孤僻、保守、不自信，从另一个角度来说，他们甚至可能会被认为是可疑、品格不端、内心阴暗的。《韦氏词典》则将“害羞”定义为“对别人的出现感到不自在”。

然而，这些定义似乎并没有加深我们对害羞的了解。因为对不同的人来说，害羞有不同的含义，没有哪一个定义足以说明所有问题。害羞会对人产生一系列的影响，从轻微的不自在，到莫名其妙地对人感到恐惧，再到极端的神经质，这是十分复杂的。为了更好地理解这种现象，我们对将近 5 000 人进行了斯坦福害羞调查（Standford Shyness Survey）。

1. 现在你觉得自己是害羞的吗?

A. 是　　　　　　　B. 否

2. 如果你回答了“否”，那你是否觉得在生命的某段时间里自己是个害羞的人?

A. 是　　　　　　　B. 否

在调查中，我们有意识地没有对害羞下明确的定义，而是允许每个人采用他自己的理解和定义。首先，我们让被调查者自己决定是接受还是拒绝害羞的说法，接着，我们探究他们为什么会做出这样的决定。我们询问他们是什么样的人，什么样的情景以及想法、感情、行动和身体特征会使他们感到害羞。在第 8 章的调查中可以发现，我们也尝试了解其他有关害羞的信息。

害羞是一种普遍现象

通过研究，我们得出了一个最基本的结论：害羞是人类共有的一种特质，具有普遍性和人群分布广泛性的特点。在接受调查的人中，超过 80% 的人表示，在他们的生命历程中，自己曾经经历过害羞，正在体验害羞，甚至是经常感到害羞。在接受调查的人中，超过 40% 的人认为他们现在是害羞的。这意味着我们每遇到 10 个人，就会有 4 个人正在体验、经历害羞，也就是说，有 8 400 万美国人会觉得害羞。

有些人一直在受害羞的困扰。例如，在接受调查的人中，有 25% 的人说他们长期处于害羞中。在这些人中，仅有 4% 属于非常害羞的人，因为他们对害羞的定义是：在任何地点、任何时间，面对任何人都会觉得害羞。

不同的文化对害羞有不同的理解，害羞也会因人而异。但我们的研究发现，所有参加调查的小组中，都有超过 25% 的人认为自己目前正处于害羞中。值得关注的是，初中女子组和东方学生组中，正处于害羞中的人的比例竟高达 60%。除此之外，研究发现，非常害羞的人占到受调查总人数的 2% 以上。而来自日本的研究数据显示，非常害羞的人高达 10%。

为了确定自己是否是真正的害羞者，参与调查的人将他们感到害羞的发生频率作为标志。超过 30% 的人至少有一半的时间会感到害羞；超过 60% 的人只是偶尔觉得害羞，但他们认为这种偶尔的害羞已经足以说明他们是害羞的人。比如说，有的人可能只有在演讲时会感到害羞，但对于必须站在公众面前发言的学生和商人而言，这已经足以造成严重的影响了。

在参与调查的人中，认为自己不是害羞者的人的比例低于 20%。虽然每个人对害羞都有不同的理解，但几乎所有人都认为，害羞并不单单是个人的人格特质。一个有趣的现象是：大多数人认为，在某些特定的社会情境中，自己也会脸红、心跳和焦躁不安，这些反应恰好也是害羞的特征。换句话说，特定的人和特定的场合会使他们与害羞者有同样的想法、感受及行为。不过，这种情境型害羞者并不认为自己是害羞的人，而是将这种感受当作在某种特定情境下的一种不适感，正如突然走进一间全是陌生人的屋子里一样。对自认为是害羞者的人和把害羞作为特定情境的反应的人进行区分十分必要，我们也会在第 2 章重点探讨害羞者的个人世界。

害羞具有普遍性，这句话听起来有些危言耸听，但我们都是以扎实严谨的数据调研作为基础的。在对美国人的抽样调查中，只有 7% 的人说他们从未感到过害羞。同样，在其他文化中，也只有少数人说他们从未感到过害羞。

男性真的比女性社交能力更强吗

与成人相比，学生中的害羞者更为普遍。这主要是因为很多成年人已经克服了其童年时代的害羞而变得落落大方。我们的研究也发现，害羞之所以在孩子中体现得更为明显，是因为他们几乎天天都受到严厉的管束，而这种情况在成年人中则相对少见。不过，害羞并不单单存在于儿童身上，仍然有一部分成年人还是像小时候一样害羞。美国知名演员罗伯特·扬（Robert Young）就是其中之一。

> 我一直都很害羞，当我还是个孩子的时候，我就很害怕老师。后来我长得又高又瘦，我的长相跟体重都让我没法进入足球队，也就顺理成章地不能成为受同学仰慕的核心人物。而在我的青春时代，受到大家喜欢与认同、成为大家的焦点的感受对我相当重要。

一些研究表明，处于青春期的女孩要比男孩更加害羞。我们在一所小学的抽样调查显示，在 4~6 年级的学生中，比较害羞的学生占到样本的 42%，跟前面所做的调查基本持平。这个年龄段的男生和女生都想给自己贴上害羞的标签。但是当我们对 7~8 年级的学生进行调查时，这个比例攀升到了 54%，其中 12% 的增幅主要是由于女生中害羞人数的增加。其原因可能是，处于青春期的女生认为自己只有更具魅力和吸引力，才能引起男生的关注。有一个 14 岁的女孩在发泄自己的愤怒时这样写道：

> 我很紧张，头也开始疼得难受，但我只能像个疯子似的挠着

头。我不知道在一群人面前该怎么办。我在学校表现得跟在家完全不一样，我甚至与自己作对，不穿自己最喜欢的衣服上学。

她的困惑在写给安·兰德斯（Ann Landers）的一封信中可窥一斑，她害怕和同伴们不同，想与她们一样，但她或许确实是有一点特别。

亲爱的安·兰德斯：

我希望您不要把这封信随手扔掉，因为这出自一个困惑的女孩之手。我觉得特别不舒服，需要您的帮助。目前，我最大的困扰是不接受自己的性格，我也很想变得很友好，克服我的害羞，大声地说话！我嫉妒那些与我同龄的女孩，希望我也能像她们一样。我也曾经尝试过，但都以失败告终。

有时，因为一个男生跟我打招呼或者对我微笑，我就会觉得自己很受欢迎。可是第二天，当我发现一群女生围在墙角谈论什么，我就会怀疑她们正在笑话我。虽然我的成绩已经达到了自己的最高水平，但并不突出，也就是中等水平。妈妈认为我过分关注打扮而不是学习成绩，她认为我在学习上不够专注、投入。这是我给您写的第四封信，其他的都被我扔掉了，但无论如何我都会把这封信寄给您的。

怪人

害羞的女人要比害羞的男人多，这句话对吗？当然不对！还有另一种错误的说法：在社交场合中，男人比女人更加自信、更具攻击性，社交能力更强。而我们的研究显示，**性别与害羞之间并没有直接联系**。事实上，在大学生中，害羞男生的比例要比害羞女生的略高。而且，这种性别差异在其他一些不是大学生的群体中也有所体现。另外，在不同文化中所做的调查也显示出不同的结果。

害羞还可以通过特殊的方式困扰那些不害羞的人。突然变得害羞的人几乎达到了曾经害羞过的人数的一半。这些突然被害羞困扰的人以年轻人居多，他们在童年时并不害羞，长大后却因为某种特殊原因忽然变得很害羞。

我们相信，人们可以通过努力克服或缓解害羞，当然，他们也有可能变得更加害羞。我们的研究也提供了可靠的数据：40% 的人提到，他们曾经很害羞，但是他们成功克服了自己的害羞，现在已经不再是害羞的人了！而这些人的经历恰好可以给那些长期或目前正在受害羞困扰的人提供有益的借鉴。

害羞的不同状态：从偶尔焦虑到无法社交

尽管我们仍然不能对害羞下一个准确的定义，但我们对害羞有了进一步的认识，并且了解了害羞存在的普遍性。我们可以通过观察害羞对不同人产生的不同影响，揭示出害羞这种复杂的心理现象。

SHYNESS
WHAT IT IS, WHAT TO DO ABOUT IT

害羞跨越了广泛的心理学范畴，它可以表现为在众人面前偶然的不适，也可以表现为摧毁人的正常生活的创伤性体验。对一些人来说，害羞是他们选择和偏爱的生活方式；对另一些人来说，害羞则意味着难以言喻、无法解禁的终生痛楚。

有些人认为，当与书本、思想、客观事物或大自然相伴时，他们会感到无比惬意。比如作家、科学家、发明家、护林员和探险家，相比社交频繁的社会，他们更喜欢纷扰较少的世界。他们大多性格内向，更喜欢独处。对他们而言，与人交往没有多少吸引力，就像葛丽泰·嘉宝（Greta Garbo）一样，他们宁愿享受孤独。又比如说梭罗，他在瓦尔登湖畔孤寂的生活，正是他个人独具魅力的生活方式与人格特质的体现。

即使是在害羞这一小小的范畴之内，从那些可以在必要时与人交往的害羞者，到那些在基础人际交往方面存在困难的害羞者，他们之间的害羞也是有等级区分的。对于在基础人际交往方面存在困难的害羞者而言，无论是与人交谈、在众人面前演讲，还是从容地举办一次正式晚宴，都是巨大的挑战。

大多数害羞者在害羞这一范畴中都处于中间状态。他们在特定场合下、与特定人相处时，会有一种被胁迫感和力不从心的感觉。这种不适足以扰乱他们的社会生活，阻碍他们的行为，使他们表达困难，不能说想说的话、做想做的事（参见图 1-1）。

图 1-1　情人节快乐

这种焦虑不适可以表现为脸红或更明显的窘相。正如一位商界经理人描述的那样：

> 33 年来，我一直都会过分地脸红，而这正是害羞的标志。尽管通过努力和坚持，我成为行政主管，获得了拥有数家银行的大公司副总经理助理的职位，但害羞综合征耗费了我太多的精力，而这无疑阻碍了我向更高的职位发展。

这种焦虑不适还会通过隐藏的攻击性行为或冒犯性言语体现出来。正如一位作家所说的：

> 我总是打断别人说话，或者自己挑起话端并喋喋不休地说，这显得很愚蠢和无知。我装作毫不在意他人，同样，其他人也忽视我的存在。正是在公众面前的内在恐惧，使我变成了无人问津的“壁花”。

旧金山有一位律师叫梅尔文·贝利（Melvin Belli），以在法庭上的巧辩而闻名。但是他说，他经常会害羞，而且会很体面地掩饰自己的害羞。

因为害羞，所以害怕别人，进而可以产生不同的反应。所以，一个人的外在行为并不总是能准确地反映他是否是害羞的。害羞经常会对人们的行为产生影响，但并不一定是直接或明显地发挥作用。换句话说，不论你在公众面前表现得如何，当你认为自己害羞时，你就是害羞的人。

处在害羞范畴中间状态的那些人，他们害羞的原因是缺乏社会技巧或对自己没信心。有些人严重缺乏正确处理人际关系的基本社会技能。他们不知道如何引起话题，或如何在课堂上提问。因为缺乏自信，有些人即使知道正确答案也不会举手回答问题。同样，一些聪明的人也会因为没有自信而错失良机。有一位女士就因为缺乏自信而放弃了自己喜欢的法律专业。

> 九月，我开始学习法律。在司法部的考试中，我得到了很高的分

数，学院的考试我平均分为3.94，接近A等，我可以毫不费力地进入三所法律学校学习。但是，在第一学期还没结束的时候，因为太害羞，我选择了退学。在课堂上，我感觉很不舒服，即使对功课做了充分的准备，我仍然害怕被老师提问。害羞使我无法正常学习，最后只能退学。

当一个人的害羞走到极端状态，**可能会表现为因为无法抑制对他人的害怕而感到习惯性害羞**。无论何时，只要在众人面前做事，他们就会极端畏惧，无可救药地被焦虑控制，以至于唯一的选择就是躲避和逃跑。这种极端害羞的表现不只会出现在学生和年轻人身上，也不会随着年龄的增长而自动减弱或消失。一位64岁高龄的女士说道：

我的一生都在害羞中度过。直到几年前我才相信，在别人眼里，我有成为一名好妻子的资格。我总是对自己不满，认为自己不够好。我不能与人自在地相处，社交能力也很弱，从来不知道该如何招待丈夫的朋友。我害怕自己不够好，运动细胞也很弱，用一句话说就是：我害怕一切。结果自然是可想而知的，我没有朋友。我被遗弃了，没人喜欢我，甚至我的丈夫也不喜欢我，最终他和我离婚了。

那些处在最严重的害羞状态的人，他们的害羞可能会转化为神经衰弱。这种精神瘫痪的后果是抑郁，更为严重的还可能会导致自杀。在一个有关害羞的电台访谈节目中，一位自称为“依旧年轻迷人”的50岁女实业家进行了自我剖析：

我很孤独，除了信念，我一无所有。我生活在没有朋友的孤独世界中。我曾多次被欺骗，生活留给我的，只有痛苦和不幸。我孤独地度过各种假期，那是一段段十分令人沮丧和痛苦的时光。我越来越害怕各种节假日，因为每到假期，我的孤独感就会加剧。当看见别人都有亲人和朋友相伴时，我总是会想结束自己的生命，但我又没有勇气去做。

对于以上这些处于害羞各个阶段的人而言，害羞是个重要的问题。它不是只有一点点烦人，也不是小小的混乱，而是一个真正的严重的问题。

缺少社交：寻求自我存在的状态

尽管许多事件和统计数字都很令人沮丧，但我们要知道，害羞也有积极的方面。10%~20% 的害羞者“喜欢”害羞，因为他们发现了害羞的积极面。

那些看到害羞积极面的害羞者常常会用“矜持”“隐忍”“谦逊”等词来形容害羞。而在被雕琢修饰之后，害羞甚至有时被认为是“深沉”或“高品位”的。大卫·尼文（David Niven）、查尔斯王子（Prince Charles）、凯瑟琳·赫本（Kotherine Hepburn）和杰奎琳·奥纳西斯（Jocqueline Onassis）都是“我喜欢害羞”的典范。

在英国心理学家艾萨克·巴什维斯·辛格（Isaac Bashevis Singer）于 1927 年撰写的一篇文章中，我们欣喜地看到了害羞的优点。

> 害羞非常普遍，至少在英国是这样的。我们倾向于接受害羞，认为它是与生俱来的，是年轻人迷人气质中不可分割的一部分；如果害羞可以持续到人的晚年，那它就是一个人优秀性格的见证。或许没有得到充分的重视，但它似乎已经成了一种民族特质。

首先，害羞让人谨慎、自省，维护个人隐私，并给予人只有孤独才能带来的快乐。害羞的人也不会像暴力或有强制倾向的人那样胁迫或伤害他人。艾萨克·巴什维斯·辛格曾自信地阐释道：

我认为人不应当试图克服害羞。害羞是隐秘的幸福。害羞的人与有闯劲的人正相反。害羞的人很少会是罪大恶极之人，他们有助于保持社会的安宁。

其次，害羞者在挑选朋友时更具有选择性。害羞者通常会冷静地观察，小心地行事。害羞者会让人觉得更有安全感，因为他们不会被评价为令人讨厌的、放肆的和自命不凡的。同样，害羞者很容易规避人际矛盾，在某些情况下，他们还会被认为是很好的倾听者。

最后，害羞还有一个特别有趣且积极的作用，就是可以为人们提供保护。害羞本身就是一个让害羞者不被注意、不在众人中凸显出来的面具。而在不被注意的情况下，人们便可以从“应该”和“应当”做某事的束缚中解放出来，他们的行为就可以逃开社会规则强加的束缚。狂欢节和万圣节便是个生动的例子，说明了来自面具和服装的隐匿所导致的巨大个性变化。

我害羞的弟弟乔治也是一个例子。当乔治戴上面具时，我母亲一开始就知道他会更自由地活动。当然，对其他孩子来说，他不过是个无名之辈。但其他孩子怎样想，并不能代表我弟弟的想法。所以，在理解害羞这一方面时，最重要的是个人的主观感受。

我们让接受调查的人自己给害羞下定义，他们怎么认为就怎么说。于是，现在我们知道害羞非常普遍，它通常会让人充满焦虑和痛苦，但对某些人来说，它却是一种寻求自我存在的状态。人们根据自我感觉害羞的频率以及感觉到害羞的时间来判断自己是不是害羞者。但是，害羞背后是怎样的个人经历呢？害羞的心理状态是怎样的呢？我们将在下一章中找到答案。

本章提要 SHYNESS
WHAT IT IS, WHAT TO DO ABOUT IT

1. 害羞的不同状态：

（1）处于中度害羞状态的人，缺乏正确处理基本人际关系的社交技能和自信心；

（2）处于严重害羞状态的人，常常无法抑制对别人的害怕而感到习惯性害羞；

（3）处于最严重害羞状态的人，害羞可能会转化为神经衰弱，甚至是抑郁。

2. 害羞的积极影响：

（1）害羞使人谨慎、自省，维护个人隐私，并给予人只有孤独才能带来的快乐；

（2）害羞者在挑选朋友时更具选择性；

（3）害羞可以为人们提供保护，让人不被注意。

02

害羞者充满焦虑与不安的内心世界

SHYNESS

WHAT IT IS, WHAT TO DO ABOUT IT

在公众面前，害羞者可能看上去十分镇定，但他们的内心世界就像一条复杂的思想高速公路，而且这条公路上混乱不堪，到处都堆满了感情碰撞和被压抑的欲望。

害羞，似乎正在以某种方式渗透到生活的各个角落。我们周围的大部分人都认为，自己不愿意让人知晓的秘密被公之于众是令人难堪的。可当我们发现，这样的事情不单单发生在自己身上，很多人也曾有过同样的经历时，我们的感觉就会好很多，心情也会舒畅一些。

害羞者自身的感受是什么样的呢？我们先来倾听一位成功的旅行者和自由撰稿人雪莉·雷达（Shirley Radl）的心路历程。

因为害羞，我吃尽了苦头。我清楚地知道它是怎样开始的：我开始变得消瘦、喜欢待在家里，到十来岁的时候，情况变得更严重了，我变得越发消瘦和难看。我也清楚地知道，研究者和我访谈的害羞者都对害羞带来的恐惧感和疯狂感有所夸张。但我知道那种真切的感受：不论身处何方，我都局促不安，甚至感觉到吞咽困难，讲话变得异常艰难，手常常不由自主地颤抖，明明满头大汗却又感觉浑身发冷，平时熟悉的事情变得模糊不清，而且我不断地幻想各种可怕的事情可能会发生在自己身上，比如因为在公共场合做了丢脸的事而丢掉工作。

当我与毫无恶意的人，甚至是孩子待在一起时，我也会声音颤抖、讲话含混不清。因为不敢面对收银员，所以我竭力避免去商店。和送牛奶的男士闲谈时，我也会十分紧张。甚至在给我孩子的小伙伴做爆米花时，我都不能接受他们注视着我的眼神。我深知害羞者的感觉，就如同一个赤身裸体、蹒跚行走在大街上的人被通过卫星电视在全球范围内转播一样。

社交躲避者：面对焦虑的反应

当害羞者说起他们面对焦虑的反应时，大部分人会提到三个方面。首先，他们会开诚布公地对别人说“我很害羞”；其次，他们有紧张的生理反应，比如脸红；最后，他们会不可避免地感到尴尬和难为情。仔细研究这些特点，我们便可以深入害羞者的个人世界。

沉默寡言

害羞者从几个角度展示了他们面对焦虑时的害羞行为。在生活中的很多方面，害羞者的羞涩都有所表现：至少80%的害羞者认为，即使发现了他人的错误，他们也绝不会说出来；将近半数的害羞者认为，与他人眼神接触是一件很困难甚至是不可能做到的事情；40%的害羞者的典型反应是保持沉默，认为“就算不能说什么，至少我可以保持沉默”。害羞者认为自己说话声音很温柔，比如害羞的老师讲课声音低细，而老师的害羞又会波及学生。另外，有一些害羞者会避免与他人接触，或者即使受到邀请参加某项活动也无法付诸行动。

菲利斯·迪勒（Phyllis Diller）就是一位非常明显的社交躲避者。尽管从表面上看他非常健谈，实际上他却是一个害羞且喜欢沉默避世的人。他曾回忆道：

小的时候，老师告诉我父母，我是他们见过的最害羞的学生。我害羞得连学校的舞蹈比赛都不敢参加，只敢披着外套躲在教室里。

我还非常害怕在有球赛时给球员呐喊助威，只能小声地吆喝。

并不是只有害羞的人才会拒不开口。研究显示，在一定的情境下，沉默是人们面对焦虑时常有的反应。但由于害羞者总是不能很好地表达自己，所以他们在创造自己的交际圈时显得效率很低。人们会通过协商或谈判的方式与他人相处，比如在服务、承诺、时间、安全、爱情等方面。正如乡村歌手洛雷塔·林恩（Loretta Lynn）所写的："生活就像是走入一家可议价的商店，没有思想和情感的交流，我们无法与别人达成交易。"

"沉默寡言"这个词最能表现害羞者躲避与他人相处的心理状态。这是一种保持沉默或不愿坦言的倾向，除非不得不说，否则他们通常会保持沉默。

在过去的10年中，杰拉尔德·菲利普斯（Gerald Phillips）教授和他的同事一直致力于沉默寡言症的研究。菲利普斯认为，沉默寡言不仅是指有意地躲避在公共场合发言，而是一个更广更深的问题。他发现，即使教给沉默的学生在公共场合发言的实用技巧，有些人还是不能和他人顺利交流。事实上，在掌握了沟通技巧后，大约有1/3的学生会更加焦虑。虽然他们已经学会了怎样去沟通，但还需要学习沟通的内容以及为何要沟通。

SHYNESS
WHAT IT IS, WHAT TO DO ABOUT IT

沉默寡言的原因不仅仅是缺乏沟通技巧，从根本上说，还是因为对人际关系定义的曲解。沉默寡言的人就像是一位在风险大、不稳定的经济市场中的保守投资者，相较于对收获的期望，他们更在乎会损失些什么。所以，那为什么还要进行投资呢?

脸红紧张

在生理层面，害羞者面对焦虑时会表现出如下症状：脉搏跳动加剧、心跳加速、出汗、神经质地发抖。有趣的是，当人在体验某种强烈的情感时，不论是强烈的性欲、担惊受怕的心理，还是兴奋、生气的感觉，都会有这些生理反应。也就是说，身体并不能区分开这些感觉本质上的不同。所以，如果仅仅根据生理反应来判断，不管是在什么情境下，我们都不会知道什么时候该说“我行”、什么时候该说“我不行”。

不过，有一种生理症状并不属于这个范畴，也是害羞者无法躲避的，那就是脸红。关于这一点，有一位中年销售人员讲述了他的亲身感受。

> 我发现自己形成了在特定情境下脸红的习惯，这令我万分痛苦。因为脸红，我无法参加各种活动，于是阻碍了事业的发展；因为脸红，我不能在公共场合演讲；因为脸红，小组讨论对我来说也变得很困难；因为脸红，甚至在进行面对面的交流时我也会尴尬。而这些情况越来越糟糕了。

大多数人都有脸红的时候，会感到心跳加速，或者像心里藏着一只蝴蝶般不安。不害羞的人会把这些反应当作轻微的不适，而把注意力转移到即将发生的积极事件上，比如在教堂社交厅和牧师顺利交谈，从法国警官那里得到正确的指示，学到最新的舞步等。但是，害羞的人会把注意力聚焦在生理反应上。事实上，害羞者常常是在还没有等到面对害羞情境的时候就已经产生生理反应了，他们想到的只有即将来临的不好的事情，所以，他们根本就不会去教堂，不会参加巴黎之旅，也不会去跳舞。

剧作家田纳西·威廉斯（Tennessee Williams）曾讲述过害羞如何改变了他的生活。

> 我记得这种持续脸红的情况是从一次平面几何课开始的，我往走廊上看，恰巧看到一位迷人的姑娘正盯着我的双眼。就在那一刻，我感到脸颊发烫，而且等我转过头往前看时越来越烫。我想，天哪，就因为与人目光对视我就脸红，那如果是盯着别人的双眼，我该会有什么反应？一想到那噩梦般的情形，我就会立马回到现实。

> 不夸张地说，从那件事以后，四五年了，不管男的女的，每当有人盯着我的双眼看，我就会不可避免地脸红。

困窘感

人在脸红时，经常会伴随着困窘感，以及一种人们时常会感受到的短暂而强烈的自尊缺失感。那么，什么情况下人会产生困窘感呢？首先，当公众的注意力突然集中到你的一个私人事件上时，或者当有人把关于你的一些事情告诉他人时，你就会感到困窘。比如，当有人说“因为没有能力，约翰刚刚被解雇了的”，或者“爱丽丝刚花了一小时化妆！你真应该看看她没化妆时是什么样子”，这些都极有可能让人感到困窘。

其次，出乎意料的表扬也会使害羞的人感到窘迫。

最后，当人们意识到自己的笨拙已经或将要被别人发现，而他们不会对此表示赞赏时，也会感到困窘。例如在做一些私人举动时被别人看见，比如说在汽车里亲吻、挖鼻孔、调整裤袜等。旧金山歌剧院的著名男中音科内尔·麦克尼尔（Cornell MacNeil）回忆道：

> 我现在还记得自己以前在派对上感到困窘的情景，那时我还是一个来自明尼苏达州的小男孩。举个例子吧，1966 年歌剧院开张后，在雍容华贵并且美女如云的旧金山举行了一场盛大的宴会。宴会上供应了很好吃的烤鸡，这种烤鸡因为用了特殊的烹调手法而变得很滑。当时，我非常担心吃鸡时鸡肉会从盘子里滑出来，掉到身边某位女士的露肩礼服上。于是，在那次宴会上，我只吃了米饭。

安德烈·莫迪利亚尼（Andre Modigliani）曾做过一个有趣的实验，证实了这种因笨拙而产生困窘感的观点。在这个实验中，莫迪利亚尼博士设置了团队竞争的条件，并预先安排了一些被试在某项任务上表现糟糕，而他们的表现将导致整个团队的失利。结果发现，团队中那些在公众面前经历失败的人觉得非常尴尬，而且比那些知道自己的失败是被允许的人困窘得多。而那些被安排表现糟糕的人，即便在想到自己的无能可能会被公之于众时，他们也只感到略微的困窘。

那些感到非常窘迫的人会通过“保住面子”的行为，为挽回丢掉的尊严做出最大的努力。“保住面子”是指在集会中努力保持冷静、能力和身份。这一研究指出了6种个人挽回面子的策略。

1. 防御性地改变话题：“这个还要做多久？我有个约会。”
2. 为其行为找借口：“荧光灯干扰了我的注意力。”
3. 炫耀其他的优点：“乒乓球不是我的强项，我擅长下国际象棋。”
4. 贬低完成不了的任务：“在有叉子的情况下，用筷子吃饭简直就是在浪费时间。”
5. 否认失败：“其他人也取悦不了她。”
6. 试探性地提问以获得他人的肯定：“我希望没给你们带来太多的麻烦，是吗？”

由于多数容易害羞的人自我认同感都比较低，他们一般不会运用转移注意力的策略来保住面子。他们会试图避免任何一种可能会让他们觉得困窘的场合，从而进一步将自己从人群中孤立出来，然后沉溺在自己的缺点之中。

有些人甚至在独处的时候，也会觉得不安。当回忆之前的失礼或失言时，他们会脸红并变得困窘；在预想一个即将来临的社交活动时，他们也会感到焦虑。而在这些回忆和想象的过程中，害羞就随之而来了。

极端的自我认知：害羞者的性格特征

对于害羞者来说，应对焦虑最有效的方法是保持低姿态。所以，害羞的人会压抑自己的想法、感觉和行为以维护面子。只有在自己的精神世界里，害羞者才会做真正的自己。在公众面前，害羞者可能看上去十分镇定，但他们的内心世界就像一条复杂的思想高速公路，而且这条公路上混乱不堪，到处都堆满了感情碰撞和被压抑的欲望。

害羞者的性格中最明显的特征是极端的自我认知。认识自己、接纳自己、洞察自己是许多健康人格理论的核心，也是现代众多心理治疗想要追求的目标。然而，同样是自我分析、评价自己的想法和感受，一旦沉溺其中，就预示着心理紊乱。害羞的人往往就是走了这样的极端。

在自我感觉害羞的人中，有超过85%的人认为他们过分关注自我。这种自我意识有公众和私下两个方面。阿诺德·巴斯（Arnold Buss）和其助手的研究中充分论述了这一点。

公众的自我意识表现为关心别人对自己的印象和反应，这类人会关注以下问题。

1. 他们认为我怎么样?
2. 我给他们留下了什么样的印象?
3. 他们喜欢我吗?
4. 我怎么保证他们会喜欢我?

如果你属于公众自我意识型的害羞者，那么，对于以下大多数问题，你都会回答“是”。

1. 我关心自己做事的方式。
2. 我关心表现自己的方式。
3. 我过分注意自己的穿着。
4. 我经常为是否给他人留下好印象而担心。
5. 我离开房间时的最后一件事是照镜子。
6. 我关心其他人对我的看法。
7. 我通常很在意自己的外表。

私下的自我意识是对自身的关注，它不仅是指将注意力集中在内在自我，而且是集中在内在自我的负面层面。这类人往往会关注以下问题。

1. 我不够格。
2. 我自卑。
3. 我笨。
4. 我长得丑。
5. 我没有用。

可以说，私下自我意识型的害羞者是将自己放在了有超强分析能力的显微镜下来检测自己的缺点。

这一精神分析可与著名心理学家西格蒙德·弗洛伊德（Sigmund Freud）的精神分析法相媲美。不同的是，弗洛伊德的精神分析旨在探究人类的想法和欲望来自何处，而我们研究害羞者自我意识的目的则是将其从不合理的行为障碍中解脱出来，并帮助他们学会应对或微小或可怕的各种刺激。要知道，害羞者常常会陷入强迫性的自我剖析而不能自拔，这使他们根本就没有能力将其想法付诸行动。

如果你属于私下自我意识型的害羞者，那么，对于以下全部或大多数的问题，你都会回答“是”。

1. 我总是试着认清自己。
2. 总的来说，我清楚自己是什么样的人。
3. 我经常反省自己。
4. 我经常自我幻想。
5. 我总是仔细地检查自己。
6. 我总是关注自己的内心感受。
7. 我不断地检查自己的动机。
8. 我有时会有这种感觉：我在某处看着自己。

9. 我对心境的变化很警觉。

10. 当我思考问题时，我知道自己的大脑是如何运转的。

这两种自我意识的区别可延伸到害羞这一领域。

SHYNESS
WHAT IT IS, WHAT TO DO ABOUT IT

根据研究，保罗·皮尔克尼斯（Paul Pikonnis）将害羞者分为两种基本类型，即公众害羞型和私下害羞型。前者总是担心自己在他人面前表现得不够好，后者则总在为内在的心理感觉不好而担忧。

公众害羞者常常因为笨拙的表现和在社交中不能恰当地回答问题而感到焦虑，他们总是会为自己可能不恰当的行为而担心。对于私下害羞者来说，相比于自己的主观不适感和害怕他人发现自己需求的恐惧感，想要做的事就显得不那么重要了。而且，私下害羞者不仅有较高的私下自我意识，还有较强的整体自我意识。

公众害羞者

在这两种害羞者类型中，哪种类型更是个“问题”呢？对于公众害羞者而言，害羞的压力远比私下害羞者要大。他们的感觉会影响其表现，其表现又会影响他人对他们的评价，他人的评价进而又会更深刻地影响害羞者的自我评价。比如说在聚会中，他们会有不好的感觉，这导致他们无法充分地表现自己，个人秀也很糟糕，甚至会感觉没尊严。于是在下一次聚会时，他们往往就会躲在不会被人看到的角落，保持沉默，感觉矮人一截。尽管参加了聚会，但他们不会走近别人。

前足球明星罗斯福·格里尔（Roosevelt Grier）这个大个子男人，就曾为了掩藏其童年时代的困窘感而采取这样的方式。

当我还是个孩子的时候，我家从北部的佐治亚州搬到了新泽西州，我被强行投入一个陌生的环境中。在那里，人们用不同的口音、不同的语调和不同的话语来交谈。更糟糕的是，我的说话方式与他们曾接触过的任何一个人都不同，于是在学校里，我立即变成了众矢之的。尽管个子很高，但我仍然总是被模仿和嘲笑。我被他们的嘲弄搞得心烦意乱，几乎变成了哑巴，完全不能一笑置之。那段时间，除非被迫，我都保持沉默。

对于公众害羞者而言，与适当的对象交流他们的恐惧、不安、优点以及欲望是非常困难的。他们将自己锁在自我的牢笼中，得不到帮助、建议、赏识以及人们无时无刻不需要的爱。

我曾有一些羞怯的学生，他们从不参加讨论，也从不与教授合作。相反，他们总是躲在大教室的后排。到了大四要找工作的时候，很多学生想成为医生、律师、工程师，或者从事自己喜欢的其他工作。但无论学业成绩有多优秀，毕业生都需要有教授的推荐信才能顺利进入职场。而那些羞怯的学生，由于大学期间一直躲在没人知道的角落，所以没有教授认识他们，他们也就根本无法获得教授的推荐。

如果因为是私人问题而不好意思向他人寻求帮助，这就意味着这个人无法从专家、智者和他人的意见中获益。一项对圣地亚哥海军基地近 500 名海军的研究显示，与那些不害羞的伙伴相比，害羞的海军更加不愿意因私人问题（如酗酒）向上级主管寻求帮助。

许多人认为是由害羞导致了笨拙的行为，或者认为是由于害羞，自己才没能好好地表现，没能升职。这些想法都是合情合理的，公众害羞确实可以使一个本来很棒的人变得消沉。

我们还可以推断，**公众害羞者无法成为领导者。**在大多数的团体氛围下，被选出来的领导者都是能言善辩的人。虽然他们未必拥有最棒的或受大多数人拥护的思想，但他们能够控制局面，因为他们可以随机应变。研究表明，在团体氛围中，当一个原先默默无闻的人被推举出来讲话，而团体中的其他成员会积极做出回应时，那这个人就可能被票选为领导者。总而言之，仅提供给一个公众害羞者工作所需的技能培训是不够的，他们需要的是提高自信和价值感。

私下害羞者

与那些在公众面前感到害羞的人相比，私下害羞者明显要好一些。**他们熟悉如何取悦他人，如何被他人接纳，如何获得晋升机会，他们有能力取得成功。**

如果有一定的天赋，私下害羞者或许可以很快就在他选择的职业中获得晋升，甚至可能会成为名人。但别人不会知道，为了获得这样的信心他们付出了多么大的努力！当期待的事件发生时，他们会神经紧张，整个事件的进展甚至微小的细节都会浪费他们太多的精力！在他人眼中，这些人或许是蛮横、苛刻或自负自傲的。可悲的是，即使是成功，也不能给他们带来心理满足感！因为凡事要求完美，这些私下害羞者为了自己的完美主义情结付出了巨大的感情成本。

当私下害羞者跳出来宣称自己很害羞的时候，他的朋友或周围的人一定会大吃一惊。他们可能会说："不，你不是这样的人！你这么成功，在公众场合也能应对自如，你有这么多朋友，擅长讲笑话、唱歌、跳舞，还能从容应对各种约会，怎么可能害羞呢？"**私下害羞者通常会逃避他人的探究。**他们将焦虑不安留给自己，用老到的社交技巧加以掩饰，有时会用喝酒来掩饰，或者是避免出现在那些自己不能驾驭的场合。一个口若悬河的人在聚会上被邀请单独唱一曲时，也许会变得结结巴巴；充满魅力的女演员可能不相信会有人喜欢现实中的她；脱口秀主持人被邀请跳支舞时，也许会站在原地不知所措……

约翰尼·马西斯（Johny Mathis）在谈到他自己的害羞时这样说：

> 在工作伊始，我的确非常害羞。我用一半的时间学习如何在公众面前讲话。在很长一段时间里，我都认为自己不可能越过这道坎儿，不可能在台上从容应对。有时，舞台对我来说简直就是地狱。过去我真的是吓呆了！直到现在，尽管我仍然不能确定歌曲间隙该如何表演，但也比过去从容多了，不过在舞台上，我的害羞仍是个问题。

滑稽女星南希·沃克（Nancy Walker）这样定义自己：

> 也许我是这个世界上最害羞、最内向的女人，但在工作中，我就是要扮演各种各样滑稽的人。

即使是超级明星，名望和财富也不足以驱走因缺乏自信带来的羞涩感。伊丽莎白·泰勒（Elizabeth Taylor）在接受一家报纸采访时也清楚地表达了这一点：

> 总体来说，我是一个害羞的人，没有安全感，不守时，脾气很大。而在照镜子时，我所能看到的不过是一张化了妆的或没有化妆的脸罢了。

在《今日秀》中，芭芭拉·沃尔特斯曾不止一次被其他记者评为“粗鲁”“不友好”“冷淡”“非常冷漠”“好斗”的。那么，对于这个自信且总是能控制住局面的女人，你是否有相同的看法呢？在一次访谈中，芭芭拉·沃尔特斯对于自己的公众形象给出了不同的看法：

> 我仍然有自卑情结。走进一个房间时，我必须告诉自己要上前去与人交往。我不敢独自去旅行、独自去餐馆吃饭、独自去喝酒。当别人说我个性很强时，我就会感觉很受伤害。

在《今日秀》工作的16年里，这种害羞带来的压抑使她错过了很多机会。

> 虽然我的职业生涯充满了机遇，但很多我都没有去争取，因为我并不期待它们。之前我从来没有单独主持过一档新闻节目，因为我担心如果讲话太多，别人就会说我个性太强。所以，通常我都是和别人搭档主持。

很多人认为名人在公众场合下都会非常自信，但她对这个错误观点十分谨慎：

> 有时我还是很犹豫，会问自己，那是我吗？当别人说我很自信，而且总是能够很好地把握自己的生活时，我自己却不愿意轻易相信这一点。

毫无疑问，在舞台上，国际歌剧明星琼·萨瑟兰（Joan Sutherland）是一个能掌控全局的人物。但她这样说：

> 我感觉很恐怖，甚至都不敢登台。同时，我也深知临阵脱逃是不可能的。我没有选择，要么撑下去，要么就完蛋，没有人可以代替我做这些。如果想要表演，就必须站在台上。

关于害羞的表演者的复杂性动机，个性活泼的艺人卡罗尔·伯纳特（Carol Burnett）提出了非常有趣的观点：

> 很早以前我就发现，虽然很难解释，但害羞者常常与一种轻微的利己主义情结相纠缠：一方面，你的确是很羞涩地面对他人；另一方面，你也是在要求获得他人的认可。你在心里提心吊胆，表面上却很肯定地说："关注我，接受我！"

在第 4 章，我们将会详细探讨卡罗尔·伯纳特关于害羞根源有趣而又清晰的分析。在一次电话访谈中，她为我描述了害羞的表演者的面具，以及她是如何帮助三个女儿克服害羞的。

是否善于社交：别人眼中的你和自己眼中的你

现在，让我们撇去那些华而不实的东西，仔细观察一下每天都能见到的人们，无论是同事、邻居、同学还是相识的普通人都可以。首先，对你的每个家庭成员都做一个是否害羞的判断，接着，请他们回答这个问题：“你认为自己是一个害羞的人吗？”你也可以让他们猜测一下你会给出怎样的答案。对于熟悉的人，你也可以问同样的问题。将你听到的答案记录下来，这也许对你以后的推测会有帮助。

不同的人群和环境决定了你调查的准确性和评估调查的灵敏性。和家人、朋友分享这样的练习或许会让你觉得很有价值，因为这可能会引起一场生动的讨论，让那些害羞的人开口说出他们的真实感受。

在我们的调查中，害羞者通常过高估计了害羞在一般人群中的普遍性。在他们眼中，这世界上害羞者所占的比例比不害羞者眼中的比例高很多。此外，在那些认为自己现阶段很害羞的人中，有一半的人认为他们的朋友并不这样认为。

相比于辨别出一群人中的害羞者，观察者更容易发现谁不害羞。那些私下害羞者通常能通过这一关，而那些仅在公众演讲等特定场合感觉害羞的人，在其他场合同样可能不会被认为是害羞者。

我们询问居住在同一宿舍的 48 名学生他们彼此是不是害羞的人，有些学生说自己是很害羞的人，但只有 45% 的人认同他们的观点。相反，有超过 30% 的学生认为他们并不害羞，还有 20% 的学生表示不了解他们或是不确信。而对于那些说自己不害羞的学生，有近 75% 的人对此表示认同。然而，在另外 16% 的学生眼中，他们是害羞的。一方面，有些学生认为自己是害羞的，但他们的朋友中有高达 85% 的人认为他们并不害羞。另一方面，有几个同学自认为并不害羞，但超过一半的了解他们的朋友认为他们害羞。

为什么“别人眼中的你”和“自己眼中的你”有如此大的差异？虽然你给人留下的印象绝不只是关于害羞与否的暗示，但不管怎么说，我们都可以从别人是否认为你害羞这一判断中吸取到很多经验。

在对宿舍学生的研究中，我们发现，判断他人是害羞者还有另外一些原因，比如说话轻声细语的，从不主动开始或保持对话，害怕表达自己的观点或拒绝别人，和异性相处时感觉不自在，不敢正视对方的眼睛，只和同样安静的一小部分人来往。

那些被认为不害羞的人通常喜欢高谈阔论，充满激情，爱说爱笑，能流畅地表达自己的观点，善于吸引他人的目光，敢于与他人目光交流，是天生的领导者。而那些并不害羞，但和异性相处时感觉不自然的人则会被人们错认为害羞。这种判断掩盖了这样一种可能性：或许这些人只是在和异性中的某些人相处时感觉不自在而已。

那些并不是很有魅力的害羞者通常会很郁闷，因为别人会误认为他们“冷漠”“故意谦虚”或“拒绝”，从而对他们态度不好。若是长得好看，别人会认为你目中无人，自视甚高；若是容貌不好，别人又会说你故意这样做，因为你太自卑。

之前我们讨论过害羞这个概念的模糊性，因为人总是善变的，在对待不同的人时会有不同的态度。此外，我们还要面对人们对于害羞这个判断的敏感性差异，以及他们是否愿意被界定为害羞的人。比如说，一些老师告诉我，他们班里没有害羞的孩子。但同样是面对这个班的学生，其他一些老师则认为30% 以上的同学都很害羞。在宿舍调查中，判断的差异也是巨大的。有人认为 65% 的学生都很害羞，而有人则认为 80% 以上的同学并不害羞。

对事件的归纳能力影响人的自我界定

既然已经了解了害羞对害羞者意味着什么，下面我们就来探讨一下什么因素会造成害羞。表 2-1 总结出了让人们感到害羞的各种人及情境。陌生人尤其是异性和权威人士居于首位，但亲属也会使人感到害羞。而且，不同年龄层的人，无论是老人还是儿童，都会让人感到害羞。令人惊讶的是，朋友和父母也会让某些人害羞。

表 2-1 还列出了许多让人脸红心跳的情境。其中，最糟糕的要数在大庭广众之下自信地演讲，尤其是当台下坐的都是大人物，还会为你的表现打分时。

值得一提的是，许多害羞的人只是在特定场合和碰到特定的人才会感到害羞。艺术家罗伯特·马瑟韦尔（Robert Motherwell）说："面对商人和小孩子，我依然会感到害羞，而跟研究生和有抱负的艺术家在一起，我就很自在。"

一位女记者分享了让她感到害羞的特定场合。

> 新闻是我的职业，我在进行采访的时候一点都不会感到别扭，哪怕是采访一群人也不会。但是，在当地报社工作的 10 年间，我被无数次邀请向专业人士讲述我的职业，而我总是借故推辞。每月编辑部开会的时候，我也总感觉不自在，希望不要叫到我，让我在小组面前做评论。

表 2-1　是什么让你害羞

害羞的因素	害羞学生比例
他人	
陌生人	70%
异性	64%
学历高的权威人士	65%
地位高的权威人士	40%

续前表

害羞的因素	害羞学生比例
亲戚	21%
长辈	12%
朋友	11%
孩子	10%
父母	8%
情境	
当我是公众的焦点时，如在很多听众面前发表演讲	73%
一大堆人	68%
处于地位较低的状态时	56%
常见的社交场合	55%
常见的新场合	55%
需要自信时	54%
当我被他人评价时	53%
当我是公众的焦点，但只有少数观众时	52%
少数社交群体	48%
一对一与异性交流时	48%
受伤需要帮助时	48%
少数任务导向型群体	28%
一对一与同性交流时	14%

对害羞的关注越密切，对如何克服害羞的建议就越多、越具体，害羞者也就越容易尝试和实践。从另一个角度来说，当害羞的念头悄悄萌生时，我们就有更多的方法来审视和面对。

对“是什么让你害羞”这一问题的回答，害羞者和不害羞者实质上都差不多，区别就在于“量的多少”。

SHYNESS
WHAT IT IS, WHAT TO DO ABOUT IT

害羞者有一种明显的倾向，他们喜欢谈一件又一件经历过的事情，而不会把这些事情归类总结。所以，有更多的情境和更广泛的人群可能会让他们感到害羞，他们也就会更多地自我界定为害羞的人。

知道“什么引起害羞”“什么时候害羞”“如何面对害羞”，并不意味着你能回答“为何害羞”。总有人咨询我自己为何会感到害羞，这个问题促使我进行调查分析，并且开始了从实践到理论的征程。

在下一章里，我们将分析害羞者的心理活动，也将讨论害羞者的基本动机，并就害羞者将害羞作为谦逊的原因进行探讨。

本章提要 SHYNESS
WHAT IT IS, WHAT TO DO ABOUT IT

1. 害羞者面对社交场合有三个主要表现，分别是：

（1）沉默寡言；

（2）脸红紧张；

（3）困窘感和自尊缺失感。

2. 害羞者有两种类型，分别是公众害羞型和私下害羞型。

3. 公众害羞者的表现：

（1）无法与适当的对象好好交流，无法得到帮助、建议和爱；

（2）无法成为领导者。

4. 私下害羞者的表现：

（1）懂得如何与他人交流，能够获得晋升的机会和成功；

（2）往往会逃避他人的探究。

03

人们为什么会在社交中感到害羞

SHYNESS

WHAT IT IS, WHAT TO DO ABOUT IT

我所目睹过的最令人伤心的一幕是周六购物中心那些孤独的孩子。在母亲进行周末大购物的时候，他们面无表情地坐在中央喷泉旁边吃着比萨或汉堡，周围萦绕着空洞的音乐。

心理学家、精神病专家、社会学家以及社会科学领域的研究者都尝试回答这样一个问题："为什么有些人会在社会交往中感到害羞？"对于这个问题，不同学派之间有着迥然不同的解释，而这也为我们理解害羞提供了多种可能性。

1. 人格特质学派认为，害羞是一种遗传特质，就像人的智力和身高一样。
2. 行为主义者认为，害羞者只是没有学会与其他人交往的社交技巧罢了。
3. 精神分析学家认为，害羞是个体潜意识中内心激烈冲突的一种外在表现。
4. 社会学家和一些儿童心理学家认为，在社交中感到害羞应该得到大家的理解，因为社会环境使很多人都会害羞。
5. 社会心理学家则提出，害羞者是在社会生活中被贴上的标签——自认为害羞，或被别人认为害羞。

可以确定的是，这 5 种观点并不能涵盖所有关于害羞的解释。比如，一位作家就提出了自己独特的观点，认为害羞是因为人们缺乏对财富的渴望。每种解释都能帮助我们更好地了解害羞。正如对害羞的定义没有一个统一的说法一样，对于"为什么有些人会在社会交往中感到害羞"这个问题，同样也会有不同的答案。

人格特质理论：基因和遗传的结果

> 所有病态害羞的人都有神经质的特质，他们通常出生于有精神病、癫痫、偏头痛、抑郁症、心绞痛、怪癖症的家族。在没有其他线索可以证实害羞来源的情况下，我们更加确定——害羞源于家族遗传。

伦敦的一位内科医生提出了一种合理却很悲观的观点：**在社交中感到害羞的父母通过基因将害羞遗传给了自己的孩子。**

心理学家雷蒙德·卡特尔（Raymond Cattell）是现代“天生害羞”理论的提出者和超级支持者。他认为个体的人格由不同的基本特质聚合而成，而这些特质可以从问卷调查的统计分数中获得。通过检测，每一项特质都会有一个分数，根据每项特质的分数就能建立个体的特质模型。然后，研究者通过比较父母和孩子在某一特质上的得分来判定人格是否有遗传性。在划分个体特质时，卡特尔采用了纸笔测试的方法而不是观察法。

1. 当到达一个新的地方时，你是否很难交到新朋友？
2. 你是一个健谈或喜欢口头表达的人吗？

这两个问题其实是相近的，只是以不同的方式呈现了出来。对第一个问题回答“否”和对第二个问题回答“是”的人会被评估为 H 因子偏高。H 因子包括两种特质，即 H^+ 和 H^-。H^+ 型的人在面对生活中的挫折时会表现出坚忍、耐受性强和果敢的特质。罗斯福总统和丘吉尔首相就是 H^+ 型的两个典范。

相反，H^- 型的人在面对挫折时会表现出高度的脆弱性。H^- 型常被称为反应敏感型，也就是我们所说的害羞。H^+ 型的人可以承受来自内心与社会方面的压力与打击，而同样的压力和打击却会在无形中使 H^- 型的人身心疲惫或倍感压抑。埃米莉·迪金森（Emily Dickinson）和发明家亨利·卡文迪什（Henry Cavendish）就是 H^- 型的典范。根据卡特尔的理论，“法官、神父、编辑、农夫，还有那些为人提供职业复健服务的从业人员都是 H^- 型的人”。

有趣的是，H^- 型害羞者天生就比无畏的 H^+ 型人敏感，且易于唤醒其紧张状态。高度的敏感使害羞者容易从冲突和威胁中退出。卡特尔提出，由于 H 型人格具有遗传性，所以在人的一生中，这一特质并不会因生活事件而改变。但是，他也提出，极度敏感的害羞者是天生的自我治愈专家。然而，这种人格特质理论并没有告诉我们人为何害羞以及如何治愈害羞。如果根据悲观的人格特质理论来说，那就根本不用尝试去治疗害羞，因为它是无法治愈的。

新生儿在心理和行为方面有显著的差异，他们对噪声、光亮、疼痛、温度有不同的敏感度；有些很爱哭，另一些却能安静地睡觉。但是包括卡特尔在内，没有一个人敢预言，这些不同会预示着哪个婴儿以后会害羞，而哪个不会。

人格理论家假设新生儿的害羞是可以测验的，H^+ 型和 H^- 型人的心理差异非常显著。根据这个假设，他们认为，个体的敏感、焦虑、害羞特质是可遗传的。不仅如此，因为害羞是天生的，所以很多害羞者无法采用系统脱敏的方法治愈自己的害羞。那些高度敏感、天生害羞的人或许终其一生都在等待害羞的自愈，但事实上，这几乎是不可能的，正如戈多不可能按时到达一样。

行为主义理论：后天习得

人格特质研究者认为害羞来自遗传，是一种不可变的人格特质。行为主义者的观点正好与之相反，他们认为，人们表现出来的所有行为都是后天习得的。人们会因为受到奖赏而强化那些产生积极后果的行为，为避免惩罚而压抑或消除那些产生消极后果的行为。行为主义者认为，如果行为可以得到足够的强化，我们就可以让贫民窟的女子变成窈窕淑女，或者让害羞的 H^- 型人变成勇敢的 H^+ 型人。

美国最著名的行为主义者约翰·华生（John Watson）断然宣称，积极强化的力量对塑造和改变人格特质与气质有着不可估量的作用。他曾公然声称：

> 如果给我一些健康的婴儿，让我在自己设定好的世界里把他们抚养成人，不管他们的天赋、爱好、倾向、适应性、种族和家庭背景如何，我保证可以将他们中的任何一个培养成我选择的类型，无论是医生、律师、艺术家、商业精英，还是乞讨者或小偷。

现代行为学家认为，**在社交中感到害羞是人后天对社会事件的恐惧性病态反应**。这可能是由下列原因造成的：

1. 在特定情境下，想起与人交往的负面体验，比如曾亲身经历或目睹他人在人际交往中受到伤害；
2. 没有学会正确的社交技能；
3. 期望完成不恰当的任务，经常对自己的表现感到焦虑；
4. 因为“不恰当”的自我表现而自我贬低，比如认为“我是一个害羞的人”“我没有价值”“我做不到”“我需要妈妈的帮助”等。

根据行为学家的理论，孩子会因为想在由成人掌控的世界里受到关注而变得害羞。一位 40 岁的教师和我们分享了她的故事。

在学习与人交流的过程中，4 岁那年的一次经历给我留下了很深的创伤。我还清楚地记得，那天屋里有微弱的灯光，我和妈妈正准备外出。我不记得当时想对妈妈说什么了，但要说的话对我很重要，而妈妈根本不记得曾经有这么一件事情发生过。我很努力地想要告诉妈妈一些事情，这些事情不是很明确，好像有一些抽象，又因为儿童匮乏的词汇表达，我很难让妈妈明白我的意思。我试着用不同的方式来表达，妈妈也竭力想弄明白我的意思。最后，经过 5 分钟的僵持，妈妈突然大笑起来！当时我就伤心地哭了，感觉很不舒服。我想说的欲望一下子就全都没有了！很多年来，我对妈妈、大人们和自己的感觉永远都定格在那一刻。

我认为自己很失败、可笑、无能，而且愚蠢。在我成长的过程中，成人普遍持有的态度和观点一直告诉我“孩子的话不可信，他们不懂表达”“事情总比人重要”。这种信息非常强烈且明确地告诉我：你什么事也做不好。我过早地学会了恐惧和不信任。

无能感同样也可能是后天习得的，因为它可能会使你获得你想要的关注。就像班里经常和老师犯难，搅乱课堂的“小丑”一样，他也许会被同学嘲笑，被父母训斥或被老师惩罚，却也受到了每个人的关注。社会认同是最有力的强化剂，人们往往付出了最大的努力，却只能获得一点点认同。于是，我们中的一些人学会了大声说话，一些人学会了低声抱怨；一些人通过在足球场上跑错位来获得关注，一些人通过“生病”得到照顾，甚至还有人通过登机时有意跌倒而获得关注。

奇怪的是，害羞者的消极天性使他们习惯了电视世界的反馈模式。在电视世界里，只有换频道或调节频率可以与电子形象产生联系。享受电视世界的这一代年轻人正在学习让侦探科杰克（Kojak）代替他们坚强，让罗达（Rhoda）代替他们说话，让玛丽·哈特曼（Mary Hartmann）代替他们解决麻烦。一个年轻人分享了他在电视世界中的生活体验。

我生命中最重要的部分也许就是电视。妈妈教会了我许多规矩，爸爸几乎什么也没教过我，大多数事情是电视教给我的。在我的生命中，平均每天至少有三个小时与电视为伴。电视给予了我很多却从不求回报。看电视时，我是被动消极的。我很擅长倾听和学习，却不擅长与人沟通交流。我期待在学校里学习却不能融入其中，在大学里，我总是坐在教室的最后一排，而由于大学里学习成绩的10%来自课堂的参与程度，因为害羞，我的成绩受到了很大影响。

如果害羞源于“错误”的行为反应方式，那我们就可以通过学习、强化“正确”的反应方式以消除原先“错误”的方式。依据这种观点，正是害羞的行为导致了害羞的经历。一旦习惯了害羞的行为反应方式，就相当于染上了一些坏毛病和特殊的恐惧，如对蛇的恐惧，而这会成为人们的行为模式。在本书的第二部分中，自我肯定训练便是以这些行为主义理论为基础的。

行为主义者因为对治愈害羞持乐观态度而备受欢迎。他们的观点使害羞者从特质理论“天生失败者”的阴影与宿命论中脱离了出来，看到了希望和光明。然而，从了解到的不同类型的害羞中，我们也发现，一些害羞者已经有了恰当的社交技能，但缺乏自信妨碍了他们在社会上取得成功。所以，教给沉默者正确的说话技能并不一定能治愈他们的沉默寡言，尽管有时这可能会产生一点效果，但大多数情况下，这只会使他们的害羞更加严重！另外，成功的社会技能训练必须通过降低社会焦虑感，提高个体自尊心，使个体从非理性的害羞中走出来。

对于一些极度害羞的人来说，最深刻、最可怕的恐惧感不是来自现实事件，而恰恰来自内心那些“象征符号”。害羞不是源于特殊场景中与人交往时产生的痛苦的个人体验，而是因为那些尚未解决的、积压下来的冲突，所以，一旦涉及这些的情景或人在脑海里浮现，他们就会感到压力和焦虑。而针对这些人，弗洛伊德学派认为，最好的解决方法是精神分析，其次才是行为主义。

精神分析理论：内在冲突的表现

精神分析理论可以完美地解释害羞，却不能解释害羞的原因。精神分析理论充斥着这样一些概念：内在冲突、自我防御、攻击、分裂、重组、非正式竞争、双重自我、待解的秘密特征码等。而且，精神分析的很多理论都是以抽象的或模棱两可的概念来陈述的，所以它不可作为依据。其“正确性”也不可以用“错误性”来证明，因为其理论的真实性根本就无法用科学的方式进行证明。

精神分析理论的创始人弗洛伊德，通过对精神病人维多利亚的临床实验分析，总结和建立了其理论。弗洛伊德认为，心理困扰源自本我、自我、超我的不和谐，它们也是人格结构中最基本的三个层次。其中，本我是指人类本能的冲动；自我是指现实的个体知觉，指人们学习做可以做的事情，并控制自己去做切合实际的事；超我是指良心、道德监督、理想和社会禁忌等。

自我的目标是在强烈的本我欲望和超我束缚之间找到平衡点。当自我发挥好的时候，就可以合理安排事情，按照正确的行为方式满足本我的需求，并且不违反道德标准和社会规范。但这个平衡点相当难把握，不容易达到，甚至从来没有达到过。本我驱使人们立刻满足需求，而这些强烈的需求中包括性欲望和攻击的欲望。超我限制本我，不允许本我将会带来麻烦的需求付诸行动，因此，夹在本我和超我之间的基本冲突就产生了。

在这种理论中，**害羞只是内在冲突表现出来的症状而已，它代表着未被满足的本我的原始欲望**。比如孩子对母亲因倾心的爱而具有排他性的恋母情结，恋父情结亦是如此。

许多精神分析的著作都认为，**害羞可以追溯到早期人格发展中本我、自我、超我三者之间整合的失调**。这些著作也为我们提供了精神分析学派对害羞产生原因的理解。

假设约翰是一位成功战胜了害羞的男性，我们可以用精神分析法解释他的改变：

> 他是一位强烈地爱着自己母亲的男孩，由于其恋母情结未能得到满足而产生了内心的恐惧，甚至把父亲也看作现实中对他有威胁的人物。由于青春期性的萌动和刺激，约翰假想他可以坦率地说出

> 自己有乱伦倾向，但他不敢讲出来。于是，性诱惑开始变成了性禁忌，压抑导致了害羞。他的性偏好说明他从性压抑中解放了出来，表达了潜藏于内心的性目的，即将对母亲的性冲动替代为对强势女性的性幻想。

纽约精神分析学家唐纳德·卡普兰（Donald Kaplan）认为，害羞起源于自我优势地位的确立，或者说自恋。令人感到矛盾的是，害羞的人看起来很谦逊、文静且有耐心，与人相处时却充满敌意和幻想。由于他们的感觉不能被直接表达出来，只能受到扭曲和替代，于是害羞就产生了。

> 害羞是一种社会性创伤，为了逃避假想的威胁，病人常常在生活中表现出主观积极且温和亲切的态度；出于对被忽视、忽略和拒绝的恐惧，病人常常在社会生活中表现得友好且合作。于是，其内在的痛苦就会转化为害羞。

在临床经验中，我发现因为孤独，病态的害羞者会极度关注能为其提供极大快乐的美妙幻想。的确，一个长期的、生动的白日梦是害羞者的重要价值所在……

有的学者认为，孩子在自我意识发展的过程中，如果与母亲分离时心里感到不适，便容易产生孤独感。此时如果孩子的自我意识还没有很好地建立起来，母亲也没有履行好保护孩子自我意识的责任，问题就产生了。不成熟的自我意识，正如在暴风雨中漂泊在大海上的纸船一样飘摇不定，并且随时可能翻船。精神分析学家认为，这种被抛弃的自我意识在孩子长大后会发展成一种恐惧感，使之无法应对生命中的未知性，而这种恐惧便构成了极度害羞的特征。

许多精神分析学家认为，极度胆怯会使一个人变得害羞。这个理论是基于过去对害羞者的研究而提出的。许多报告指出，害羞导致这些害羞者足不出户。对这些人来说，极度害羞成为他们严重心理障碍的一种外在表现，就像是他们病态心理状况的障眼法。对这些人而言，专业的治疗是必要的。本书第二部分推荐的方法可使他们解决一些更深层次的问题。

无论如何，精神分析理论可以使我们看出害羞者内心那些非理性的特征。他们对权力、优越感、敌意以及性有着近乎疯狂的需求。在此，我们来窥探一下害羞者虚幻的自我世界。

演员迈克尔·约克（Michael York）描述了他害羞的生活。

> 我很害羞，但心中有一个愿望。我记得在上幼儿园时，其他小朋友有时会玩“小红帽乘篷车”的游戏，而我只能在幕后做助手。我常常站在那里注视着那个扮演狼的小孩子，我是如此地嫉妒他，甚至怨恨他。我就一直盯着他看。不过你知道吗？他后来生病了，而我顺理成章地获得了那个角色。

一位26岁的中产阶级男性说，当他的害羞感减弱时，他发现了自己内心潜在的恐惧和敌意。

> 我发现拥有的自身价值越多，我就越不尊敬别人。这并不是害怕别人，相反，我认为他们都是非理性的。有一些老朋友是在学校就认识的，可现在我觉得和他们无话可说。虽然他们赚的钱很多，但总是泡在酒吧里面，找女孩寻欢作乐，在兴奋剂、性和低俗的乐趣中堕落。

在我召集的害羞研讨会上，一位女士这样说：

> 浴室是我的梦幻之地。我总是坐在那里看着镜子摆各种各样的姿势。我可以花很长时间做这件事。而当我发现这不是一件有意义的事情时，我变得极为痛苦，也给我带来了很多烦恼。后来，我找到了解决方法，就是假装镜子后面有一台隐形照相机，并且我喜欢的男孩吉米可以随时通过它看到我。我总是问自己，如果他正在看

> 我，我会有什么感觉，他是否喜欢他所看到的。因此，虽然我不能让自己离开镜子，但我可以选择为了吉米改变自己的行为。现在，当我再做这件事时，就不再有负罪感了。只要在家，我依然会做这件属于自己的事情。

害羞者通常以自我为中心，这种情况在我的一个同事身上也得到了明显的体现。她时常回避成为大家关注的焦点，内心却一直喜欢被关注。

> 我是一个很怕跳舞的人。然而，我的内心告诉自己，当我用美丽的舞姿越过石头、跳过篱笆时，我的内心就会感到无比的快乐。但事实上，在听到音乐时，我的身体就会感觉到僵硬和无力。我想象中的完美情景是，我是屋里最棒的舞者，并理所当然成为受敬仰的人，成为万人瞩目的焦点。心理医生告诉我，我的内心总是充满希望，总想超越所有的人而受到关注。

社会生态角度：情境的作用

一位大学生健康服务中心的主任告诉我，每年大约有500名学生咨询有关感到孤独的问题，这占到了学生总数的5%。心理治疗师会对感到孤独的学生采取有针对性的治疗，而在治疗中，弗洛伊德的精神分析法基本不起作用，因为学生必须通过每天坚持不懈的训练才能克服正在面临的问题。

我问他："假设有500个人同时来倾诉他们的孤独感，你会如何回答呢，临床医学家又会怎样寻找答案呢？"

他答道："我们可以找来系主任或宿管，向他们咨询学校最近发生了什么事情，导致这么多学生产生孤独感。"

我又问道："也就是说，当学生一起来咨询时，你会将'你怎么了'的问题替换为‘最近发生什么了’？”

他说：“大体是这样。”

这种变化带来的启示是，我们还需要从社会生态的角度来寻找害羞的根源。精神分析学家、心理学家、医学博士和在刑事审判中量刑的法官都对情境的重要性有所忽视，上面提到的大学生健康服务中心的主任也是如此。所以，接下来我们将回顾前面讲过的一些非个人能力所能控制的情境因素，这些可以帮助我们了解害羞者的人际交往模式。

搬家与独居导致的孤独

万斯·帕卡德（Vance Packard）在《一个陌生人的国度》（*A Nation of Stranger*）中指出，对美国家庭而言，搬家是一种正常的生活方式。帕卡德写道：“在美国人的一生中平均要搬家 14 次，大约有 4 000 万美国人每年至少更换一次居所。”在 20 世纪 40 年代居住在农场的 3 200 万人中，一半以上已在近 20 年间迁移至城市。在很多地方或对某些职业而言，流动才是正常的生活状态，如大学城、公司聚集区等地方，以及销售员、飞行员、空姐及农场工人等职业。

根据帕卡德的观点，这种频繁迁移带来的不安定造成的后果是：“越来越多的人正面临着归属感、自我认同感和人际关系的缺失，这将直接导致个人和社会幸福感的下降。”孩子们又是什么情况呢？对于上百万无法对迁移说“不”的年轻人而言，又将产生怎样的影响？对于因更换住所而面对未知的新生活，我们又为失去的友谊付出了多高的情感代价呢？又有谁能代替留在记忆中的祖母的位置呢？

我们在第 1 章中介绍的那个极其害羞、极不愿与人交流的中学女孩，她就是频繁搬家的直接受害者。

> 随着年龄的增长，事情变得越来越糟。每年我都会换所学校读

书。贫穷的家庭影响着我，所以许多小伙伴只有需要帮忙时才会找我。每次帮忙后，我都期待着他们能够再一次需要我。我就像蜷缩在贝壳中一样，每次进入新的学校都会使贝壳盖得更紧，直到九年级时它完完全全地被封闭了。

罗伯特·齐勒尔（Robert Ziller）对地理迁移对人心理产生的影响进行了研究，得出了令人信服的结论。他对居住在美国特拉华州的三组八年级在校学生进行了比较研究。迁移率最高的一组包括了83个美国空军家庭的孩子，迄今为止，他们已经居住过大约七个不同的社区；第二组是平民组的60个孩子，他们已经居住过三个或三个以上的社区；第三组的76个学生至今只居住过一个社区。

为了评估每个孩子的自我认同感、社会隔离感和自尊感，齐勒尔采用了多种测验手段。正如我们所料，**迁移次数最多的孩子感受到的社会隔离感最强**，尤其是空军家庭的孩子感受得最为强烈。比起其他组的孩子，他们更相信自己的力量。因为生活环境的频繁变化，他们**产生了以自我为中心的想法**。值得关注的是，以自我为中心也会滋生出一种隔离感。一般而言，这些孩子倾向于把自己描述为“与众不同的”“不平常的”“陌生的”“孤独的”。与其他孩子相比，他们对成年人更加认同。

现在，越来越多的人独自居住或居住在越来越小的家庭中。美国人普遍结婚较晚，孩子少，离婚率高，因此，儿童、成年人和老年人都体验着不同但日渐强烈的孤独感。人们不仅生活在一个陌生人的国度，同时也是生活在一个充满孤独感的陌生人的国度。而在这种社会环境中成长起来的个体容易变得害羞，对他们而言，简单的人际交往变得相当困难。他们很少有机会感受到家庭成员间或邻里朋友间的温暖、给予和分享。同样，他们也很少有机会去与人交谈，学习如何倾听别人的意见，和别人协商解决问题，接受赞扬或给予别人赞赏。

我所目睹过的最令人伤心的一幕是周六购物中心那群孤独的孩子。在母亲进行周末大购物的时候，他们面无表情地坐在中央喷泉旁边吃着比萨或汉堡，周围萦绕着空洞的音乐。之后，他们跟着父母回到在市郊的豪华居所，这些富人区又将他们与别人隔离开。

另外，对城市犯罪的恐惧已经将人们变成了惊弓之鸟。房子变成了“城堡”，四周环绕着铁栅栏，层层上锁的门使城堡变得像个监狱。一些年龄较大的女性，甚至只有等到丈夫下班回家后才敢出门，与丈夫一起去超市。对单身的中老年人而言，城市生活给他们带来的恐惧感还在不断增加。

一些看不见的社会因素也可能导致我们的社会变成容易造成害羞的社会。比如说，随着低效率和薄利的杂货店被大型连锁超市取代，我们也为社会变化付出了代价。与杂货店老板的友好谈话已经成为过去，社会“进步”带来了人际交往质量的降低，这对我们而言，无疑是一种损失。

当我生活在布朗克斯的时候，很少人有私人电话，附近的糖果店就是我们街区的电话中心。例如，当诺曼叔叔想联系她的女朋友西尔维娅时，他就会先打到查理的糖果店，而查理接通电话后会问我们谁愿意到西尔维娅家告诉她有她的电话，并因此获取几便士的小费。如果西尔维娅感到非常高兴，她就会给报信的人 2~3 便士小费，而报信人又会用这些钱在查理的糖果店买糖果或矿泉水。社会联系就这样建立了。两个人想要取得联系至少需要两个以上的人帮助。

与今天的信息社会相比，这显然是低效的，毕竟现在只要诺曼记得西尔维娅的电话号码，不用麻烦接线员，便可以轻轻松松地联系到她。但是，我们也损失了一些东西。因为可以直接拨号，我们就不再需要依赖和信任他人了，甚至不用向别人寻求帮助，这也就意味着人际交往的减少。西尔维娅不需要和孩子们交谈，诺曼也不需要联系糖果店的老板查理了。不管怎样，这些都已成为过往生活的美好记忆，因为糖果店已经不在了，孩子们买东西也都去史密斯镇的购物中心了——至少周六是这样的。

第一综合征

美国过分强调竞争和个人成就的价值观或许也是造成害羞的一个原因。正如詹姆斯·多布森（James Dobson）所说："我们的文化如此衡量人的价值——美丽是金币，智慧是银币，害羞或许就是负债状态。"一位84岁的老奶奶这样回忆她终生害羞的根源：

> 导致我缺乏自信的一个原因就是我有两个漂亮的姐妹，一个比我大一岁半，她有一双可爱的棕色眼睛；另一个比我小三岁，她有一双可爱的蓝眼睛、金黄色的头发和白里透红的皮肤。而我的眼睛却长得很一般。随着慢慢地长大，我觉得自己就像是两只天鹅身边的一只丑小鸭，而且我的两个姐妹从来不会害羞。

许多人没有实现自己的理想往往是因为理想不现实，不一定是因为其能力和水平一般。毕竟，你怎么知道什么时候能成为一个成功者？拥有"普通"的长相、智力、身高、体重、收入，这对你来说就足够了吗？超过平均水平固然不错，但如果能成为最好的那就再好不过了。无论是商界、教育界还是体育界，都强调要成为第一名！

国家总是强调个人成就。无论是音乐团体、小型社团、"美国小姐"评选、俄亥俄州橄榄球赛，还是曲棍球锦标赛，都存在竞争，所有人都必须面对竞争。而社会想要从少数极其优秀的社会精英身上获益，并通过税收政策消灭"失败者"。

孩子们强烈地意识到了证明自身价值、提高物质地位和增强衡量成就砝码的重要性。而为了被爱、被接纳、变得有价值，他们就必须做出相应的反应。对个人价值的认同体现在他能做什么，而不是他们是什么。当我们抱着完全功利的态度与他人交往时，就会担心自己是否足够优秀，也会担心自己是否会因为没有用而被社会抛弃。在这样的社会氛围中，产生害羞、社交焦虑是必然的。

标签与归因

我们一直在讨论害羞，就像是在检查牙痛一样。害羞是一种不愉快的经历，源于我们对基因、思想、身体和社会的错误反应。但转变观点来看，害羞的标签或许比害羞本身来得还要早。为了证明这个观点，一位 57 岁的女士曾这样写道：

> 现在我认为自己很害羞，但过去我从不这样认为。七年级时，一个老师说我很安静，从那时起，我意识到自己的表达能力低于平均水平，直到现在，我仍然对拒绝感到恐惧。

标签是对复杂经历简明扼要的概括。人们经常给他人贴标签，也给自己和自我感觉贴标签，比如“他是挪威人”“她是个时髦女郎”“他们太讨厌了”“我很诚实”“我是个坏男孩”，等等。在很多情况下，标签经常能够传递客观信息，而且简明扼要地说明其实质的价值所在。然而，在大多数时候，标签往往来自个人偏见，而非客观真实的信息。意识到这一点很重要，因为戴着有色眼镜的人会把这些信息进行主观整合。

“精神疾病”是精神病学上精心定义的一个标签，但是，什么是精神疾病呢？当一个人被比他有权势或有权威的人说成有精神病时，那他就被贴上了“精神病人”的标签。人们仅通过主观判断所诠释的不一定准确，但又不能通过像血检、X 射线或其他客观的方法来做判断，因此，社会生活中标签无处不在（参见图 3-1）。

图 3-1　标签的力量

为了证明这一点，我的同事大卫·罗森汉（David Rosenhan）把自己送进了美国各地不同的精神病院，而且课题组的学生也随他一起进行研究。他们每个人都去诊疗室说自己听到了一些根本就不存在的声音，好像幻听，其他什么也没说。而单凭这点就足以让他们被确诊为精神病患者，然后住院治疗。之后，这些假装是病人的学生再恢复其正常生活。要多长时间别人才能发现他们原本就是正常人呢？答案是“永远不可能”。原先的精神病人标签永远无法被取下来，他们想要恢复正常人的身份，只能求助于妻子、朋友或律师。

还有一些其他相关研究也证明了标签的力量。如果告诉人们，这些学生曾经是精神病患者，人们的反应会比被告知这些学生失业了、正在找工作负面得多；如果人们被告知他们身边有一位成员年龄比较大，即使那位成员和他们同龄，他们也会忽视他所说的话，对他说话又慢，声音又大。

人们很可能会采用或接受一种标签，即使没有具体的依据。之后，不管这个标签是否准确，它都将与这个人如影随形。

更糟糕的是，人们也很容易毫无理由地给自己贴标签。比如说，我发现自己在演讲时出汗了，从此就意识到，出汗说明我很紧张。如果这种情况经常发生，我甚至会把自己定位为胆小的人。而一旦我给自己贴上“胆小”的标签，接着就会有另一个问题，即我为什么会胆小。然后我就会为其寻找合理的解释，比如因为我注意到一些学生离开了教室或是不注意听我演讲，我觉得这可能是因为自己演讲得不好而感到紧张，而这种想法会让我更加紧张。但我怎么知道自己演讲得不好呢？或许是因为我让听众感到乏味无趣，或许是因为我是个无聊的演讲者，并因此感到紧张。接着，我又会产生更多的想法，比如“我想做一个好的演讲者”“我感觉自己不称职”“或许我本该去开个熟食店”。如果这时突然有一个学生说：“这里太热了，我已经汗流浃背了，简直无法集中精力听你的演讲！”立刻，我就不再紧张或沮丧了。但假设班里所有的学生都很害羞，没有人说那句话，我会怎么样呢？

人们经常依据站不住脚的表面现象妄下结论。一旦这个结论被第二次证实，就自然而然地给自己贴上标签。但解释自然就会带有偏见，人们相信一切能够证实这个标签的事，却会忽视一切能证明其不成立的因素。

起初，这些所谓的标签可能是错的，就像我提到的演讲的例子，但之后它会使人的注意力从真正的外在因素转移到内在因素。在谈到“害羞”的定义时，也经常会出现张冠李戴的错误，正如女演员安吉·迪金森（Angie Dickinson）所描述的那样：

> 我认为，人们说你“害羞”时往往没有意识到害羞可能代表另一个意思——敏感，他们不懂或根本不尝试了解你的敏感。当我学着去忽略那些不在乎我的人时，我慢慢学会了信任自己。对于很多孩子甚至一些大人来说，敏感都是一种很好的品质，所以我不允许那些把敏感当成害羞的人把我推向无人知晓的角落。

通过第 2 章中对害羞者研究的数据，我们能够看到标签是如何起作用的。在会令人产生害羞感的相同情境中，那些自认为害羞或不害羞的人反应迥然不同。我们就原因和结果进行对比，只有一组人认为他们存在害羞的问题，这是为什么？

客观地说，**情境和经历并无不同，区别在于人们是否给自己贴上了“害羞”的标签。害羞者责怪自己，不害羞的人则归咎于环境。**“谁会喜欢公开演讲或相亲啊？那简直是太令人讨厌了！”那些不害羞的人如此解释在这些环境中产生的不自在感。与之相反，那些害羞的人会说：“因为我很害羞，所以表现很被动，我就是这样的人，走到哪儿都这样。”不害羞的人侧重于强调外部因素，而这些原因可以对其行为进行合理的解释——“这是正常的，不是吗？”然后，他们就可以想办法改变这种环境，比如说在那个温度过高的教室中打开空调，降低室温。

其他观点

哲学、文学和心理学领域关于人性的其他观点，也能帮助我们理解害羞。

例如，我们还没提及“个性化”以及以希腊悲剧为基础的“去个性化”之间的冲突。那些希望成为独特的、唯一的、被称为特别的或个性化的人，在现实生活中，却只能在生命循环中成为平凡的一部分，或是成为合唱团中一位不知名的歌者，而不是成为一名杰出的悲剧英雄。我们已经看到了那些害羞者的心理冲突：他们希望成为杰出的人，却恐惧被关注；或者因为害羞的表现而受到更多关注。

以激进派精神疾病专家莱恩（R.D.Laing）为代表的存在主义观点提到了长期困扰害羞者的不安全感。如果人们对自身的认同感都取决于他人的认可，比如他人了解真正的你，或者他人对你一无所知，那么你的真实存在感就会被他人彻底毁灭。

理论就像一个巨大的吸尘器，它能吸纳一切。这里提及的每个理论都像市场上最好的吸尘器一样，具有强有力的支持者和宣传者。当我们要设计方案解决害羞时，应该灵活使用这些理论。从人格特质理论来说，我们要强调的是怎样改变标签，如何观察及理解害羞；依据行为主义理论，我们可以通过改变那些不自信、无效率、涣散的行为达到治疗害羞的目的；而通过了解精神分析学派的观点，我们会具有更敏感的洞察力，认为害羞可能是深层心理冲突的外在表现；虽然气质论有其局限性，但可以提醒我们关注婴幼儿的敏感性差异，为孩子提供更加理想的生活环境。归根结底，我们要挑战主流和优势的传统社会和文化价值观，剖析导致害羞的社会环境。

现在，让我们对在学校和家里都害羞的孩子进行分析，来研究一下当其他人都在帮孩子克服害羞时，一些家长和老师又是怎样使孩子变得害羞的吧。

本章提要 SHYNESS
WHAT IT IS, WHAT TO DO ABOUT IT

人们为什么会害羞?

（1）人格特质理论认为，害羞是一种不可变的人格特质，源于遗传；

（2）行为主义理论认为，害羞是后天对社会事件的恐惧性病态反应；

（3）精神分析理论认为，害羞是本我、自我、超我内在冲突的外在表现；

（4）从社会生态角度看，害羞源于搬家与独居导致的孤独、追求第一的社会价值观，以及给自己贴上“害羞”的标签。

04

父母和老师：让孩子害怕社交的“幕后推手”

SHYNESS

WHAT IT IS, WHAT TO DO ABOUT IT

家庭和学校应该是孩子成长的乐园，是孩子获得爱的力量的能量场，是孩子学会学习的殿堂，而不是自我怀疑的滋生地。事实上，正是家长和老师的某些行为，才导致了孩子的害羞。

在不知不觉中，父母和老师或许扮演了这样的角色：他们放任害羞伴随着孩子一天又一天地成长；他们不断地给正常的孩子贴上“害羞”的标签，或者无视害羞的存在；他们亲自营造了会导致害羞的环境，虽然这并非他们所希望的。也就是说，孩子之所以会对社交感到焦虑害羞，无法充分适应社会和环境，可能正是由父母和老师无意中的某些行为导致的。

> 我是一个十分敏感，容易紧张并且自我意识很强的孩子。为了保护我，父母一直让我待在家里，但这并不是一个好主意。我没有接受正常的学校教育，直到 16 岁才在一个非全日制的乡村小学读书。我清楚地知道自己与兄弟姐妹不同，我竭尽全力想忽视这种不同，却毫无用处。当我 5 岁的时候，有一次我化了一个很漂亮的妆，我的姑姑站在我后面说：“啊，她以后一定会成为一个艺术家，她是多么与众不同啊。”这让我永生难忘。

有时候害羞是由孩子父母的性格造成的。

> 我的害羞都是因为过于严肃的父亲。他是一个脾气很暴躁的人，对什么都不赞成，反感我们为取悦他所做的一切，他说话的声音和语气总是令我们非常害怕。我之所以害羞，就是因为这么多年来遭遇了无数的挫折。

害羞也可能是由孩子所处的整个环境造成的，就像一位年长的女士所说的那样。

在我5岁的时候，母亲就去世了，我在天主教学校中长大成人。在学校里，那些修女对我很好，我像爱自己的父母一样爱她们。但她们总是在其他孩子面前责备我，这让我变得很害羞。

在害羞研讨会上，一个看起来非常阳光的大学生的发言令我震惊。他告诉我们，周六看足球比赛的时候，他的母亲说他令人厌烦。“她问我是否知道我令她感到厌烦，我是不是故意的，还问我为什么不能像其他同学一样让她省省心。”谁能想到一个母亲竟然会这样评价自己的孩子呢？学校里许多极度害羞的案例，都证实了我们所担心的：**人们所处的环境中的所有人，甚至包括母亲，都可能成为害羞者害羞的根源。**

为了更好地研究学校和家庭环境对害羞孩子的影响，我们调查了加利福尼亚州帕洛阿尔托地区从托儿所到初中的学生，并且对学生的父母进行了采访和分析。

父母的过分期待导致相反的结果

谦逊也有可能导致一个人害羞，但有很多人认为害羞源于家庭。可是，并没有很明显的证据表明，家庭环境是导致害羞的重要原因。因为害羞在外在表现、强度、原动力等方面有很多形式，所以我们可以肯定，它的产生根源也是多种多样的。对于一个变得害羞的孩子来说，一个特定的事件或家庭经历在他的早期生活中可能是十分重要的，而他的兄弟姐妹很可能未受影响。至于学校和家庭对一个害羞孩子的影响如何，下结论之前我们需要做更多的调查。研究发现，**导致害羞的四个因素是：害羞孩子的自我评价，孩子的出生顺序，父母与孩子对害羞的敏感程度，害羞的父母与害羞的子女之间的遗传性。**下面，我们以一组 20 世纪 90 年代出生、年龄在 12~13 岁的孩子以及他们的父母为例，具体看一下这四个因素。

自我评价过低

害羞的孩子对自己的印象实在是太差了，男孩感觉自己太高、太胖、太差、太丑、不够强壮，并且没有其他外向的孩子那么有吸引力。女孩也差不多，她们认为自己太瘦，缺乏吸引力，不如其他人聪明。对青少年来讲，以上这些都是影响自我评价的重要因素。通常，他们认为与其他活泼的孩子相比，自己不太受欢迎。这点让人很吃惊，因为大部分害羞的孩子，尤其是害羞的男孩，他们中有 3/4 认为自己一点吸引力都没有。但矛盾的是，活泼的孩子觉得他们比害羞的孩子更加孤独。

害羞的孩子真的缺乏吸引力吗？还是因为他们低估了自己而产生了这种错觉？是缺乏吸引力导致他们缺乏自尊、对社交感到焦虑，还是因为其他原因？又或者，像刚刚那章讲到的一样，是因为他们对自己要求太高，才感觉自己不能达到目标？或许，他们只是对自己的评价太苛刻了。这个结论得到了另一项研究数据的支持，这项针对小学生的研究显示，害羞的孩子不容易被接纳，而且不够自信。

"如果别的孩子知道你在想什么，你认为他们会不喜欢你吗？"对于这个问题，害羞孩子的答案是肯定的。这个答案也显示了害羞孩子自我印象的重要一面。害羞的女孩对自己智力的评价进一步证实了这一点。在我们研究的初中女生和大学女生中，害羞的女生认为，与其他女生和所有男生相比，她们不够聪明。但实际上，有许多调查显示，害羞的学生并不比其他学生笨，学习成绩也不比他们差。

然而，即使成绩像其他学生一样优秀，他们还是走不出自我贬低的怪圈，只是换了另外一种说辞，"我不像其他的学生那么健谈，我还是没有她们聪明"。

她们认为不善言辞是因为笨。事实上，她们只是渴望在班级中表现自己，而又认为自己的沉默是缺乏能力的表现。

出生顺序

研究显示，孩子在家庭的出生顺序将对其产生一系列心理、社会甚至职业上的影响。比如说，美国第一批的23名宇航员中，有20名是长子长女或独生子女；长子长女进入大学的比例更高。除此之外，长子长女更容易感到焦虑，不如他们的弟弟妹妹独立。

相较于后出生的孩子，父母更加关注长子长女的健康和未来，而且直到子女成家立业时他们的关心才会稍减。他们为长子长女设定的目标更高，也对其有更多的要求。如果长子长女有能力，比如竞争力、技能、智力等，父母就会以更大的推动力促使他们在社会和职业上取得更大的成功。他们可能会更加努力，争取更大的进步和成功。如果他们没有足够的能力却承受了同样的压力，无能感和自尊心的匮乏感就会随之而来。临床心理学家路希尔·福勒博士（Lucille Forer）得出结论：**长子长女比后出生的子女或独生子女有更多被认同的需求。因此，长子长女的自尊心更弱一些。**然而，大量长子长女都感觉无法达到父母为自己设定的目标。

害羞到底与出生顺序有什么联系呢？**第一，如果长子长女普遍自我感觉能力不足的话，他们或许会更容易感到害羞。**这一观点的依据来自我们的观测，先出生且未到青春期的孩子，大多数比较害羞，而后出生的孩子大多比较活泼。不过，到大学阶段，这个现象就不明显了。这或许是因为害羞的长子长女一般不愿意把自己害羞的一面带入大学。另外，尽管害羞的长子长女与其他人一样聪明，但是因为他们自尊心不强，自我评价较差，又优柔寡断，因此成绩并不理想。

另一个判断出生顺序和孩子受欢迎程度之间关系的方法是看后出生者在

权力上的劣势。后出生的孩子会掌握更多有效的人际交往技巧，例如协商、说服、妥协等，因为他们不能拥有哥哥姐姐所拥有的特权。如果是这样的话，后出生的孩子就更容易受欢迎，更容易得到同龄人的喜欢。关于这一点，加利福尼亚州南部的一些研究者已经提供了有力的证据。在由 1 750 个在校学生组成的样本中，后出生的孩子在友谊和玩伴的选择上比先出生的孩子更胜一筹。老师的评价进一步证明，先出生的孩子在社交技巧运用和交往状况上往往不如后出生的孩子。

这个发现引出了另一个导致长子长女容易害羞的原因，**也就是第二个原因，长子长女容易害羞是因为他们不具备后出生的孩子所具备的那种社交技巧**。为了更好地在社会上生存，后出生的孩子不得不学会与比他们更强壮、更厉害、更难对付的人打交道。他们学会依靠社交技巧而不是依靠权力的优势来达成自己的目标。在对社会环境的控制上，他们更像聪明的轻量级拳手，而不是力量强大的重量级拳手。在这样的过程中，相比之下不那么受欢迎的长子长女就会给自己贴上害羞的标签。也就是说，是因为不受欢迎，他们才变得害羞，而不是因为害羞才不受欢迎。

关于出生顺序和害羞的关系，最具说服力的调查来自加利福尼亚大学的一项研究。这个研究选取了 252 个孩子，收集了他们从出生（最早 1928 年）到长大成人，每个年龄段（7~14 岁）有关害羞的信息。通过观察，研究者得出了这样的结论：女孩比男孩害羞，并且长女要比后出生的女孩害羞得多。直到 7 岁，长子还比后出生的男孩害羞，但 7 岁以后，出生顺序对男孩的影响就不那么明显了。而到了 14 岁，这个差异在男孩之间就彻底消失了！这种差异的减少从 10 岁时开始显现，包括他们的胆怯、过分敏感以及对一些特殊事物的恐惧。这个信息来自母亲的评价，而不是孩子的自我评价。不过，孩子的母亲可能会隐瞒孩子的缺点，因为这与她们期望的、变成理想男人的儿子形象不一致。在母亲眼里，约翰·韦恩（John Wayne）就是理想男人形象的代表。或许是因为母亲对儿子成为理想男人的期望值有所下降，现在的母亲会依据事实说话，而不再按照自己所期望的那样说了。

对害羞的敏感程度

孩子对自己父母的害羞一般是不敏感的，很少有孩子说自己的父母是害羞的。在接受调查的父母中，有将近一半的人认为自己是害羞的，然而只有10%的孩子这样认为。当然，这很容易理解，因为父母在家里是掌权者，他们很少在孩子面前表现出害羞的一面。而且，因为孩子通常认为“害羞”是个令人不悦的形容词，所以他们一般不会这样形容父母。在这个年龄，父母在他们眼中还是无所不知、无所不能的，而不是哑的、丑的或者差的。但是，当我们问哪个老师比较害羞时，这些孩子都能清楚地说出来。所以，并非他们没有能力分辨哪个大人是害羞的，而是他们不愿意承认父母是这样的。

那么，父母是否能分辨自己的孩子是否害羞呢？乍一看，各种信息都显示母亲对孩子害羞的举动是比较敏感的，而父亲则不然。实际上，如果父亲不害羞，他们确实不能准确地感觉到自己孩子是否害羞；如果父亲是害羞的，那就有2/3的人可以准确判断自己的孩子是否害羞。不过，最能准确地判断孩子是否害羞的还是母亲。当判断自己的孩子是害羞的时，她们的准确率高达80%，而当判断自己的孩子不是害羞的时，她们的准确率高达75%。这么高的准确率在心理学和人际关系学研究中是很少见的。

父母的害羞遗传

害羞的父母所生的孩子是怎样的呢？如果父亲是害羞的，那么75%的孩子也是害羞的，不害羞的父亲与不害羞的孩子之间这个比例也是如此。相比于认为自己害羞的母亲，不害羞的母亲更容易生出不害羞的孩子。而害羞的母亲，32个孩子当中大约有20个是害羞的，即约有62%的孩子是害羞的。因此，**一般来讲，70%的父母和孩子拥有相似的情况，如果父母是害羞的，那么孩子也是害羞的。**

尽管父母和孩子在这方面的高相似度容易使人认同人格特质理论，即害羞会在家族中遗传，但还有一点需要注意：如果父母都是不害羞的，那么他们的孩子一般不会害羞；如果父母中有一方是害羞的，就加大了他们生出害羞孩子的可能性；如果父母双方都是害羞的，孩子害羞的可能性与只有父母一方害羞的情况是一样的。

我们的研究显示，父母的害羞与孩子的害羞是紧密相连的。但是，孩子的兄弟姐妹并不一定是一样的。针对这一点，有一种解释是，一对害羞的父母可能生出至少一个害羞的孩子，并且很有可能是他们的长子或长女。后来出生的孩子并不一定是害羞的，因为父母为他们设定的标准较低。

父母一般会下意识地为孩子设定特定的角色，例如琼是一个演讲者，而哈罗德是一个消极的听众。因此，一个孩子的自我定位在很大程度上受到他人对自己期望的影响。琼在餐桌上的滔滔不绝弥补了害羞的哈罗德的沉默，而这样的角色定位并不是有意的。这样的群体期望会抑制其中一人的异常反应，例如大家会忽略突然说了很多话的哈罗德，因为通常哈罗德是沉默的。

一旦我们的父母、兄弟姐妹、朋友甚至敌人，对我们的人格有了一个根深蒂固的定位，他们便会不自觉地忽视我们的改变，而不管这种改变是向好的还是向坏的方向。他们会给我们的不足找借口，阻止我们尝试改变的行为，并保证我们在原有的轨迹上表现得符合我们的性格。这是因为在他们所导演的剧本中，早已规定了你的角色；在他们画的航海图中，也早已圈定了你的范围。

下面这封写给“亲爱的阿贝”的信，很好地描述了关于应该怎样看待他人期望的问题。

亲爱的阿贝：

我的丈夫近乎完美，我们已经结婚三年了并且相处得很好。但我们之间存在一个问题，那就是当我们和别人在一起的时候，他总是显得很沉默。我得不停地替他找各种借口，比如“诺顿今天太累了”“他今天不太舒服”，等等。

当我们俩在一起的时候，他表现很好。但在公司里，他的表现又总不能让人满意，大家总是问我他是不是疯了。

不知你能不能给他一些很好的建议，或是给我一些建议。

诺顿的妻子

亲爱的诺顿妻子：

你应该告诉诺顿，沉默有时容易被误认为不友好，所以应该试着更社会化一点。但是不要责备他，他可能比较害羞，过多的要求可能会导致他更加害羞。

阿贝

所有人都厌烦诺顿，或许是因为他不够社会化，不友好，很“疯狂”，让人不舒服，乏味、自我，还很害羞，这些毛病他或许多少都有。但我们唯一能确定的是，在公司，他不像妻子期望的那样说那么多话，没有达到妻子的要求，而这让他的妻子很不安。但是在给予他建议之前，我们必须明确，这或许也是诺顿妻子的问题。

1. 或许诺顿不只在公司是沉默的，与妻子单独在一起时也是沉默的，他没有改变，只是妻子对他的期望改变了而已。
2. 或许问题在于诺顿的妻子。也许她在公司说了太多话或者她的一些表现使诺顿感到难堪，因此诺顿才会有这样的表现。
3. 或许诺顿根本不喜欢他妻子的朋友，他只是为了陪妻子才做出牺牲跟她们在一起，但他太过绅士不愿说出来罢了。
4. 或许诺顿的妻子在公司说的那些话，诺顿并不感兴趣或并不十分了解。可能他的沉默只是为了保全自己的脸面，或者不愿意影响社会地位正在慢慢上升的妻子。
5. 或许诺顿的沉默只是为了掩盖他对特殊谈话的不悦，或对某些粗俗谈话的愤怒。

不管怎样，为什么没有一个人直接告诉诺顿他们不喜欢他这样呢？为什么所有人都把问题重点全部归咎于诺顿的害羞？为什么诺顿的妻子非要等“亲爱的阿贝”给出建议呢？在家庭里，父母通常也会把类似的社会压力加到孩子身上，“逼迫”孩子变得害羞，却没有注意到其实是他们自己制造的问题。

老师的忽视使害羞的情况加剧

> 孩子需要自信和安全感，只有这样他们才能更好地成长和学习。自信和安全感源于我们生活的世界的秩序和可预知性，在此基础上，孩子可以自由、灵活地进行尝试和探索，并积极应对未知世界和新的生活。温和宽容的老师应该教育学生分享生活空间、物品、玩具、爱和关注，并学习与其他孩子快乐相处。
>
> ——某教师学校校训

如果有上述理想的家庭和学校环境，那将是帮助孩子克服害羞、提高社会适应力的良方。所有的孩子都需要归属感，他们希望家庭和学校是最安全的地方，是可以实现自身价值的场所，是重视自我思想的沃土，是发现自我个性的世界。家庭和学校应该是孩子成长的乐园，获得爱的力量的能量场，学会学习的殿堂，而不是自我怀疑的滋生地。

过分鼓励竞争

即使某个学生不是一个完全消极的人，如果老师没有注意到他有逃避集体生活的倾向，学校也有可能变成滋生害羞的温床。通过对一些教室教学情况进行观察，并与老师进行探讨，我们证实了之前的研究结论：通常情况下，老师会忽略害羞的学生。这些研究显示，学生的自我评价和老师的预测无关。当我们要求老师指出班上的学生谁是害羞的时，一些老师说没有，一些老师只能指出一部分特别害羞的学生，但害羞的老师可以指出更多害羞的学生。这说明，害羞的老师对害羞的学生更加敏感。

玛丽莲·罗宾逊是一名二年级老师，她对害羞的学生比较敏感，也了解学生害羞的具体情况。她说，害羞的学生不敢跟着节奏跑跑跳跳，当向他们提问时，他们的回答经常是“不知道”。他们不敢唱歌，不敢大声说话，一般也不敢犯错。他们总是坐在后排，等着同学招呼他们一起玩。如果没人找他们玩，他们可能会在操场闲逛，有时候他们会伤到手指，于是不得不向学校医护人员求助。

当父母、社会和学校对成绩和阅读能力要求较高时，孩子们就会感到不够自信，生活就会缺少欢乐。学校可能格外重视孩子的阅读能力，而这些要求却使他们变成了学校里面的“囚犯”。

SHYNESS 杰杰的故事 WHAT IT IS, WHAT TO DO ABOUT IT >>

杰杰是一个渴望被爱的孩子，刚进入二年级。他的家庭条件不太好，并且说话带有口音，在一年级中期他就掉入了差生群体。让我担心的是，那个时候学校正在分级，把学生分为好、中、差三个等级。我觉得带快班改变不了现状，于是我要求带差班，我有信心改变这些孩子，让他们变成阅读高手。但孩子们很快就意识到，他们已经是差生了，并且很难改变现状，再努力也进不了快班。

因为被分到了差班，杰杰受到了大家的嘲笑，但他学习依旧很努力。几年之后，杰杰仍然在差班。一旦被贴上“差生”的标签，就很难再摘下来了。

杰杰认为，如果成为一名优秀的球员，他就能受到尊重。可事实是，当同学们都越长越高大时，他依然瘦小。中学课业繁重，基本没有机会玩球类运动了，因此，小学生纷纷争先恐后地加入球队。个子高大的学生组成球队，而像杰杰这样瘦小害羞的学生，

> 根本就没有机会入选。
>
> 现在杰杰已经进入了八年级，可以想象，如果他经常违纪或者沉迷于在卫生间偷偷赌博，那么，迎接他的未来或许就是加入黑社会，甚至是进入社会的另一个角落——监狱。

有人认为，如果杰杰的智商再高一些，他或许就不会害羞，也不会自我怀疑。事实并非如此，即使高智商的优秀学生进入经济学这样人才济济的领域，每隔几年发生一次的通货膨胀也会把部分优秀分子淘汰出局。即使你在小学是优秀生，也要升入初中、高中、大学或进入职业学校，毕业后入职。在每个阶段，只有最棒的那部分人可以继续保持竞争优势，而其中一半的人仍然会在更棒的人中处于平均水平之下。**当自我价值建立在社会比较之上，并且参照标准不断提升时，原本保持得很好的自我感觉就会慢慢地变为自我怀疑。**

在纽约市第 25 学区公立学校，每周五都是盖尼老师带的六年级学生的总结日。她会在早上让学生们进行测试，然后在中午吃饭前进行打分。短暂的休息之后，让全班的学生在教室集合。班里的 30 个学生都将全部物品清出教室，并在教室围成一圈，然后静静等候结果，看这次谁成绩优异，谁又表现糟糕。以这次的考试综合成绩为基础，盖尼老师会对学生进行排名，然后按名次安排座位，例如将成绩最优秀的学生从左至右安排在第一排离老师最近的位置。当老师念到谁将坐在第一排第一个位子时，那些特别拔尖的学生都会拭目以待，气氛变得异常紧张。此外，还有有关性别的问题。大家会想，是否会有一个男孩超过珍妮，还是女生会继续占领前几名的位子。

当前 10 名的学生被点名并按序就座后，气氛会稍微缓和一些，因为下面要安排的是并不重要的中等生的座位。当盖尼老师念到最后面时，10 个孩子已经紧张地站在教室后面了，20 双眼睛紧紧盯着他们。在念每个人的名字时，老师也会把他们的数学、语文、历史、科学的成绩一起念出来，而当这些成绩越来越差时，教室里的微笑总是会变成嘲笑。当这些被点到的差生表现出紧张不安的状态时，总有些人只有咬紧嘴唇才能不让自己笑出声来。老师会不断提醒不要取笑他们，因为或许有一天你也会像他们一样落入差生的行列，但这样的提醒没有任何效果。

真是不可思议，像平常一样，“宝贝”岗萨尔又垫底了。大家都认为他肯定是故意的，他想听着老师念“这个星期的最后一名又是岗萨尔”。但没有人笑，也没有人看他，因为岗萨尔是全班个子最高的，他从不好好学习，也不和其他孩子和睦相处。

我能理解岗萨尔的想法，因为到目前为止，我一直是一个对自己的学生要求非常严格的老师。我也常常这样，强迫学生当众演讲而不是让他们私下讨论。我们都在无意识地鼓励竞争而不是鼓励掌握技能。当对害羞的研究让我意识到自己悄然成为一个怂恿者时，我了解到了那些像囚犯一样的学生正在经历的一切，因此我改变了自己。

通过对在校孩子及大学生的调查得出的结果，与害羞诊所研究调查的结果相一致，于是，我们得出了这样的结论。

1. 对害羞的学生而言，开始一段谈话，参加一项活动，分享新的想法，做志愿者或者提出问题，都非常不容易。
2. 害羞的学生对不确定性十分担忧。
3. 与不害羞的学生相比，害羞的学生在课堂上更少讲话，他们更多地选择沉默，即使讲话，也容易被干扰。
4. 在课堂上演讲等有导向性的任务环境中，他们更容易害羞，而在像跳舞这样非导向性的宽松环境中，他们的情况相对较好。
5. 与害羞的女生相比，在有异性在场时，害羞的男生更难开始谈话。他们说话较少，而且眼神接触更少。当男生比较紧张时，害羞的女生一般会用微笑和点头做出回应。
6. 与不害羞的学生相比，害羞的学生在谈话中更少使用手势。

7. 害羞的学生在座位上待的时间更长，闲逛的时间更少，与人交流也更少。他们循规蹈矩，很少惹麻烦。
8. 害羞的学生很少被老师选中作为班干部。
9. 与不害羞的学生相比，害羞的学生获得的各种奖励较少，并且他们很少予以回应。

对害羞学生关注不足

“老师，我需要帮助，这道题我不会做了。”

“好的，罗伯特，你的数学作业有什么问题？”

“我不记得你说的这些数字哪个对应哪个了。”

老师指导罗伯特完成了剩下的题目，然后他和其他完成数学作业的孩子玩起了空间大战。

尽管一直在埋头苦做，沃伦还是没有按时完成作业。所以，他不仅没能出去玩，作业也得到了“不及格”的成绩。在这个过程中，困扰沃伦的其实有两个问题。

除了学生的姓名和讲课的内容有所不同，这两个情境反复出现在我们所观察的课堂上。聪明活泼的孩子会很快向老师求助，得到老师的回应并顺利完成作业。而像沃伦这样害羞的孩子既不能独立完成作业，也不敢向老师求助。尽管旁边的罗伯特很容易就得到了老师的帮助并完成了作业，但沃伦还是不敢举手向老师求助。

我又想起二年级时的一件事。有一次，坐我前面的女孩在座位上扭动了半天，谁都能看出来她到底怎么了。她举起手，但贝克曼老师并没有注意到她，于是她更大幅度地挥动自己的双手，直到引起老师的注意。

“为什么你这么不懂礼貌呢？难道除了在正在说话的人面前挥动双手之外，你就没有更好的办法了吗？你必须学会更礼貌一点。不管你的事多么紧急，都要等我讲完课再报告，知道吗？”

“知道了，贝克曼老师！”我们一起回答。

那个女孩尿湿了裤子，老师非常恼怒。但对于我们来说，这是最有趣的事情。她尿湿了裤子，尿湿了地板，老师快疯了，但我们觉得好笑极了。

我已经不记得那个女孩的名字了，但我记得她的外号叫“撒尿虫”，我们一直这样称呼她。升入初中后，我就再也没见过她了。这么多年过去了，我想知道她是否还记得这件事。我们永远无法体会这给她的心灵造成的创伤，但我敢打赌，这个“趣闻”一定会在她的记忆中挥之不去。

害羞造成的一个结果是不敢向别人寻求帮助，这种状况影响到了沃伦的学习，使他失去了与同学一起玩空间大战的机会。对害羞的大学生来讲，不敢提问也是十分普遍的，当被问到“遇到个人问题时，你是否会向他人求助”时，很多人都回答“不会”。

作为害羞的学生，他们的害羞对班级和老师有什么贡献呢？他们不会制造麻烦，不会发出噪声，不会提出难题。他们会给老师留下什么印象呢？不管是什么样的，但肯定不会太深刻。他们从来不提有挑战性的问题，也不会展现自己的才艺，不会大声唱歌，很多人甚至根本不唱歌，所以他们当然不会成为老师的宠儿。

简而言之，**害羞的学生不能和老师很好地沟通，对老师的付出没有什么回应，老师也不会把更多的知识和经验传授给他们**。自然而然，老师也不会太注意这些学生。悲观地讲，这些害羞的学生一直处于班级的边缘，甚至是班级以外，他们悄无声息地生活在班级中，甚至在班级中待了很多年都不曾被人注意。

像学生一样，老师也会害羞。当老师害羞时，讲课就不那么轻松随意了，尤其是新学年第一天，对害羞的老师尤其具有挑战性。在面对完全陌生的听众时，你的谈话、教导、演讲，甚至讲笑话都可能很不自在。一位小学老师这样总结这种感受：

> 你能明显感觉到时间过得很慢，甚至能够感觉到每分每秒是如何度过的，你对学生的反应是如此敏感……他们注意着你的一切——你的衣服、鞋子、戒指。甚至你用了不同颜色的唇膏，他们也要议论一番。

另一位老师也回忆起他第一次上课的情形：

> 在上第一节课时，我感觉这一天似乎永远都过不完了。我觉得胃特别难受，整个人特别紧张。

对一些老师来说，最好的办法就是预先把一节课从第一分钟到最后一分钟的所有活动都布置好。然而，想要自始至终只按着教案讲课也并不容易，因为课堂上总会有很多突发情况。如果老师很紧张，那他就可能根本无法注意到学生的反应，不管是最聪明伶俐的学生，还是最调皮捣蛋的学生，更谈不上管理和控制课堂了。不管是什么原因，只要课堂秩序出现混乱，老师就只能开始管控纪律，而不能继续正常的教学，这对害羞的老师是一个巨大的挑战。

尽管大型正式演讲需要花费更多的精力，但相比于小型的研讨会，很多害羞的老师还是更喜欢大型正式演讲。他们觉得大型演讲比较有安全感，发表演讲有常规的模式，有大体的框架，对听众有所要求，不会被太多因素打断或干扰。他们可能会制订一个详细的计划，然后严格按计划来进行——这是掩饰自己害羞的最好办法。

对于开朗外向的老师而言，宽松的活动环境可以给他们更多的自由和更大的发挥空间。但对害羞的老师而言，小型研究会是个令人痛苦不堪的过程，更何况其间还得回答聪明学生的各种麻烦的提问。换句话说，就是站在讲台上代表权威的老师还要接受台下学生的挑战。

焦虑会使记忆力下降

很明显，害羞会产生消极的社会影响，但它对学术思考也会产生消极影响吗？

> 我发现害羞的消极影响是，它会使一个人变得过于关注自我感觉，让人看不见或听不到当下正在发生的情况。比如我发现，如果谈话的气氛十分紧张，我就会跟不上谈话的内容。

这位中年企业家提出了一个非常有趣的观点：**焦虑与不愉快的情绪会降低人们的注意力，并影响其记忆力。**

为了研究这个问题，我们做了一个实验，要求一部分男生评价一名女生的演讲。其中一半的男生说自己不害羞，另一半则认为自己是害羞的，尤其是在面对女生时。每一组的男生都会听到同一名漂亮女生的演讲，而在听完演讲后，研究者会测试每个人都对演讲内容记住了多少。对所有的过程，研究者都通过单向玻璃进行观察。

实验中，有 1/3 的男生和这个女生在同一个房间里，在她演讲前后可以进行提问和交流；另有 1/3 的男生尽管与她在同一个房间里，但只能听她演讲，而不能进行提问和交流；剩下 1/3 的男生独自在另一个房间里通过电视听她演讲。假设男生越紧张，就越不容易记住听到的内容。你觉得哪种情况下的男生最紧张？

结果显示，通过电视听女生演讲的男生最紧张，而与女生面对面交流的男生最不紧张。感到吃惊吗？我们来分析一下原因。以往的研究已经显示，害羞的人非常在乎别人的看法和自己在不确定的情况下的反应。当男生单独在一个房间，并在研究者的严密监视下通过电视观看演讲时，他们清楚地知道被关注的焦点是他们自己，而不是演讲者。如果他们可以提问，可以同女生交流，他们就觉得自己不一定是被关注的焦点了，研究者的注意力可能会集中在演讲的女生身上。

当紧张感不断上升时，害羞者的注意力必然会降低，同时也会影响其记忆力。确实如此，实验中，通过电视观看演讲的害羞的男生对演讲内容的记忆程度最差，与其他情景下的被试和其他不害羞的男生相比要差很多。

当我们问被试，那个演讲的女生是否迷人时，我们发现了一个有趣的现象：害羞的男生认为这个漂亮的女生不够迷人，甚至不如学校中普通的女生。看来害羞不仅会影响一个人的人际交往，还会影响他的记忆力和感受。

每个人都能摆脱焦虑，走向幸福

在心理学中，有一个词叫“不会受伤的孩子”，指的是这样一类人，他们虽然在小时候承受了巨大的压力，有一个苦不堪言的童年，最终却能成为一个正常而健康的成年人。这种说法得到了许多研究结果的支持，我们也进行了更加深入的探究。很多政治界、科学界、艺术界及其他领域的杰出人士都是经历过生活的苦难之后才成功的。像埃莉诺·罗斯福（Eleanor Roosevelt）、杰拉尔德·福特总统（Gerald Ford）、丹尼尔·莫伊尼汉议员（Daniel Moynihan），他们都经历了痛苦的童年，但是都成功克服了重重障碍，取得了令人瞩目的成就。

一个针对100名经历过灾难和创伤的男性的临床研究显示，“尽管有着不幸的童年，但他们现在都很正常，甚至可以说很幸福”。

传统理论认为，童年的痛苦磨难容易引起疯狂和邪恶，安逸平和则会哺育出聪明和成功的人。因为据观察，罹患精神疾病的人和犯罪分子一般都有贫困、压抑的个人生活经历。但这个理论不能完全说明问题，因为只有少数精神疾病患者和罪犯成长于糟糕的环境中。更多的人没有受糟糕的环境影响，形成了独立的性格，并在社会中找到了自己的一席之地。我们的研究证实了“苦难的童年同样可以造就出杰出的人才”，这与传统理论迥然不同。

我期待我们的下一代能从本书描述的长期害羞的阴影中走出来。与此同时，深入研究家庭、学校和社会怎样做才能使害羞的孩子免受伤害，这是一项十分有益的工作。这个研究是令人欣慰的，能让这些孩子看到改善和克服害羞的希望。

喜剧女演员卡罗尔·伯纳特（Carol Burnett）有着极高的搞笑天赋。在电话采访中，她吐露了自己儿时因为害羞在家庭和学校的不快经历。她说，正是幽默帮她克服了焦虑和羞愧，使她一点点变得自信和令人赞赏。以下就是电话采访的一段内容。

伯纳特：我觉得自己小时候确实太害羞了，整日围在母亲身边。她是一个非常温和而又漂亮的人，但不知为什么变得喜欢酗酒，父亲也是如此。他们都长得很好看，非常迷人。而我知道自己缺少吸引力，我的害羞也多半源于长相。我试图通过在体育竞技中的突出表现来弥补长相的不足，于是就试着跑得更快，甚至比学校的其他男孩都快，我以为这样父母就会喜欢我。我还经常在他们面前搞怪逗他们笑。我在学校的表现比在家的有过之而无不及，仅仅是为了摆脱贫穷的家庭和不尽如人意的长相带来的困扰。

津巴多：你不是班里的小丑，对吗?

伯纳特：当然不是。我只和同班女生一起在餐厅吃饭，在学校十分安静，并且是个好学生——按老师的要求做事，尊重权威。所以我是一个中规中矩的人，不像足球运动员那么受欢迎，不过，后来我和学校里处境相似的同学建立了友谊。

津巴多：那他们也比较害羞吧?

伯纳特：对，他们也是那种比较害羞且不太有吸引力的人。尽管比较害羞，我仍会对自己说:“我相信足球队的队长会对我微笑或者知道我的名字。”母亲希望我成为一个作家，她认为一个人不管看起来如何，都可以写作。我说“好的”，于是成为好莱坞高中校刊的一名编辑，并且做得很好。

以从事写作为由，我在加州大学洛杉矶分校学习戏剧文学，但是内心的声音告诉我:我非常想在舞台上展示自己，只是从来不敢承认。记得小的时候，有一个比我大九个月的漂亮表姐，她金发碧眼，娇小可爱，还会唱很多歌，会跳舞，也会表演。我清楚地记得，我渴望像她一样会跳舞，但我不会跳，于是偷偷躲进衣柜，自己跳了起来。而当母亲打开柜门的时候，我不得不停下来。那一刻，我觉得母亲就是一个坏女人，可事实上，她是一个好妈妈。

和母亲在一起很快乐，因为她很爱我，我也很崇拜她。因为想从事表演的想法从来没有得到母亲的支持，所以我在加州大学洛杉矶分校学表演的事情也尽量不让家人知道，以免使自己难堪。我惊奇地发现，我很会逗人开心，学校里的人突然都很关注我，并经常对我说“你在那个剧目里面的表演真的很搞笑”。因此，我经常受邀和高年级学生中的那些风云人物一起吃饭。作为一名新生，我真是受宠若惊。

有一次，一个男生在校园里拦住我问:“你会唱歌吗？”我说:“会，但在公开场合我不行。”然后他说:“没事，这是一首喜剧歌曲，是电影《红男绿女》(*Guys and Dolls*)里面的《阿德莱德挽歌》(*Adelaide's Lament*)。”这首歌很搞笑，不必认真去唱，但我也不知道我的嗓音到底是什么样的。如果你没有甜美的嗓音，你就不会愿意去唱甜美的歌曲。可是，当我完整地唱完这首歌之后，反响非常好，连母亲都赶来看我的演出，并为之震惊。就这样，我产生了成为一名音乐喜剧演员的想法。这让我的母亲和祖母非常烦恼，但我告诉她们：“只有在那里我才能感觉到自己是被人喜欢的，舞台能让我自信和快乐，写作和画画却不能。”从那以后，表演走进了我的生活，我渴望在舞台上直接得到观众的热烈反响，直到现在，我一下舞台就没有那种感觉了。这是为什么呢？因为我是一名喜剧演员。但要让我独唱一曲，仍然十分困难。

津巴多： 为什么会觉得困难？

伯纳特： 我有些害怕，我认为人们期待的只是我的搞笑。我收到过很多邮件说：“为什么你不直接唱首歌呢？”和我一起表演的人也这么问过我。我尝试过，但是感觉很别扭。

津巴多： 为什么会这么觉得呢？

伯纳特： 这种感觉我从小就有，我觉得比起那些专业歌手，比如伊迪·戈姆（Edie Gormé）和海伦·雷迪（Helen Reddy），我有什么资格唱歌呢？我可以作为演员在扮演某个角色时唱歌，但是直接让卡罗尔·伯纳特那样穿着华丽的衣服唱歌是不可能的，这就好像让我吃药一样难受。

津巴多： 是不是只有让你走出自己，进入一个角色，成为一个躲在面具后不被人知道真名实姓的角色，才能在舞台上尽情表演？

伯纳特： 是的。的确是另一个人，而不是你自己。这就是为什么如果你成为另外一个人，做起一些事来就会容易一些。你也可以看到，全世界和我有相似问题的人中，我拥有最好的工作。我曾经常常和祖母一起去看电影，一周差不多看 7 部。我成长于朱迪·嘉兰（Judy Garland）、贝蒂·格拉布尔（Betty Grable）和琼·克劳福德（Joan Crawford）那个年代，看完电影回家后，我会和朋友一起像我们看过的电影里面的主人公一样玩。现在我还可以这样做，我这周都可以像贝蒂·格拉布尔一样，然后下周我又可以像琼·克劳福德一样，戴上假发，化上妆，然后带上乐器。虽然长大了，可我还是像个孩子一样。

津巴多：当你不在舞台上表演而是真正的卡罗尔·伯纳特时，有没有什么时候你还是会觉得害羞？

伯纳特：当然，如果我突然碰见什么人或是人特别多的时候，我还是会有些害怕。比如第一次遇到詹姆斯·斯图尔特（James Stewart）时，我几乎说不出话来，而自从我父亲提起他，我这一生都非常喜欢他。你知道我当时怎么做的吗？我立刻转身，踩进了一大盆石灰水中。我头也不回地走了，搞得一路都很脏，我真的感到非常丢脸。两年后，当我遇到卡里·格兰特（Cary Grant）时，我又几乎说不出话来了。而一说话，我又真想马上把说的话收回去。因为我对他说："你真敬业。"我觉得自己像个傻子一样。他上前对我说："我是你的影迷。"他非常高兴，而我又不知道该说什么了。我觉得自己好像回到了 10 岁。所以我觉得，以前有些感觉，至今仍挥之不去。从某种程度上讲，我宁愿自己是害羞的，也不愿变得太强势，我很幸运能够站在喜剧舞台上表演，能够找到自己的归属感，正如人们感觉的自由自在一样。

津巴多：是的，当害羞妨碍了你做自己想做的和能做的事情时，它就真的是一个问题了。

伯纳特： 会让你说蠢话，或办错事。

津巴多： 关于害羞，根据你自己的经历，有没有什么话可以对大家和你的影迷说，给大家一些启发？

伯纳特： 我告诉自己的三个女儿，要知道，其他人可能与你面临着相同的问题，不要以为地球是围着你一个人转的，也不要以为别人都在关注你的一切，比如关注为什么没有一个人请你跳舞。人们不会总是用挑剔的态度对你进行评价，他们也在想着自己的事情。你应该走出去，和大家进行交流。当你和别人接触时，其实也是和自己接触，也是在帮助自己。真的是这样，你付出的微笑越多，对别人越友善，别人给你的回报也就越多，这就是所谓的“种瓜得瓜，种豆得豆”。这真的是真理。所以，大胆地去做，和别人交往吧。如果你在学校看到一个孩子特别害羞，或者和大家相处得不是特别好，他看起来也不开心，你可以伸出你的双手去帮助他。如果你这样做了，就会促进一朵生命的鲜花的绽放，神奇的事情也将随之而来。

津巴多： 是的，这样的人是有魅力的。

伯纳特： 对，他们需要的只是温柔的关爱，一点温柔的关爱是害羞最好的解药。

接下来，我们看看害羞的人在付出或得到爱时遇到了怎样的问题。

本章提要 SHYNESS
WHAT IT IS, WHAT TO DO ABOUT IT

1. 家庭中导致孩子害羞的四个因素：

（1）对自己的评价太苛刻，自我评价过低；

（2）父母对长子长女寄予了过高的期望，而他们不具备足够的能力；或不具有足够的社交技巧；

（3）对害羞的敏感程度不同；

（4）父母的害羞遗传给了孩子。

2. 学校中导致孩子害羞的两个因素：

（1）过分鼓励竞争，使害羞的孩子受到了压抑；

（2）由于害羞的孩子不善于沟通和回应，老师对他们有所忽视。

3. 由害羞导致的焦虑与不愉快情绪会降低人的注意力，从而影响记忆力。

05 习惯性害羞者难以逃脱的困境

SHYNESS

WHAT IT IS, WHAT TO DO ABOUT IT

害羞者往往会陷入人际关系的窘境：内心渴望与人交往，却表现得漫不经心。他们宁愿选择孤独，也不愿承担被拒绝的风险。

有谁能完全了解他的手足？
有谁去探究过父亲的心路？
有谁没有心灵枷锁的羁绊？
有谁可以逃出灵魂的孤独？

——托马斯·沃尔夫《天使，望故乡》

托马斯·沃尔夫（Thomas Wolfe）尖锐的提问敲击着每个人的心灵，尤其是那些向来害羞的人。众所周知，害羞是一种常见的情感体验，但它带来的感受与结果却因人而异。

许多人都会对某些事物感到恐惧，比如有的人害怕飞行，有的人害怕黑暗，等等。不过，大部分人总能找到安慰自己的办法。恐高者可以住在农场或地下室；害怕乘飞机的人可以乘坐火车；怕蛇的人可以住在城市；怕黑的人可以开着灯睡觉。但那些害怕人的人该怎么办呢？为了不面对恐惧，不论在什么情境下，不论多么渴望与人交往，害羞者总会表现为情境中的陌生人，主动将自己从人群中孤立出来，并忍受这份内心的煎熬。

有这样一个故事：13 世纪，西西里岛的一个统治者腓特烈二世相信，人一出生便已经知晓一种古老的语言，无须任何训练，长大后就能自动掌握。于是，他下令让人在无声的环境中养育一群刚刚出生的婴儿，那么，这群孩子后来掌握那种古老的语言了吗？结果是显而易见的。据史书记载：“由于生活中没有养育者关爱的拍打、欢笑的脸庞、亲昵和温情的呢喃，这群孩子都夭折了。”

害羞者把自己从人类的温情中孤立了出来。他们一般不具有将陌生人变成朋友、将朋友变成爱人的能力，许多人的生活都遵循“镀金规则”：在人际交往中，他们不指望也没把握从别人那里得到分享、承诺、责任、义务和快乐的回馈，自己也吝于付出。

在生命的旅途中，当一个人突然意识到没有人需要自己的时候，他绝不可能安享人生。人们因为被忽略、不受重视而感受到的痛苦比想象中的偶然碰壁带来的痛苦剧烈得多。那么，那些习惯性害羞者是如何在缺少朋友关心、家庭温暖和爱人呵护的环境中生活的呢？本章将重点探讨害羞者是如何处理人际关系的。

无法建立良好的人际关系

陷入人际关系窘境

假设你是刚被关进战争集中营的一名囚犯，你有一个精妙的越狱计划，但是需要几个人配合执行，所以你要找到几个可靠的帮手才能成功出逃。由于担心有告密者存在，实施计划困难重重，因为你必须把赌注押在别人身上，如果不幸看走眼并泄露了机密，那么等待你的将是更加悲惨的命运。你会冒险，还是会放弃越狱计划，继续默默忍受牢狱之苦？

这个假设的场景展示了人际关系的窘境。正如案例中的囚犯一样，做出判断并不是一件容易的事。因为人们身上没有贴着“你完全可以信任我”“你可以部分信任我”“千万别信任我”这样的标签，所以只能依靠当时的情境、思维状态以及以往的经验做出主观判断。

遇到陌生人时，我们通常依靠可察觉的信息进行判断，比如外貌、肢体语言、开放或封闭的姿态、放松或紧张的表情、微笑和握手传达的信息、声音反映出的情绪，以及对方的明显回应等。

这种场景通常也是个人兴趣的晴雨表。因为出席某种场合的人可能会隐藏其真实意图。例如，一些人参加晚宴是为了展示自我而并非为了品尝美食或交友，“来这里是为了表现我的聪明和其他人的愚蠢”；有些人会去酒吧玩自己的小把戏，“我来这儿只是为了悄无声息地制造点小麻烦，并不是为了交友或别的目的”。

这些例子都表明，对一个陌生人或熟人敞开心扉是要承担风险的。当我们决定和一个人交往时，都期望从对方那里得到回报，或者至少能得失平衡。在全力以赴做一件事之前，我们会估算时间、金钱和机会成本，比如：“她值得我花一小时乘地铁去布鲁克林吗？”“他虽然很有魅力，但值得我先表白吗？”许多人的答案是：“不值得为了碰运气而遭受损失。”

习惯性害羞者十分清楚这个决策过程，因为他们很在意自己是否被接纳。即使两人的关系正处于上升时期，他们依然会生动地想象与对方相处遇到困扰时遭受的恐惧与不安，而且通常会过分关注此类想象。下面是一位 21 岁女性的内心独白。

> 我非常害羞，当我开始了解一个人并与他频繁接触时，我的行为和思想往往背道而驰。如果真的对某个人感兴趣，我就会和他保持一种朋友关系，并努力让自己看起来对他漫不经心，所以我和别人第一次约会时都是心不在焉的。我知道这是自我防御的反映，是缺乏安全感的表现，也是害羞在背后作祟。

害羞者往往会陷入人际关系的窘境：内心渴望与人交往，却表现得漫不经心。他们宁愿选择孤独，也不愿承担被拒绝的风险。事实上，只有承担交往的风险，才有可能建立生活中重要的人际关系。

研究显示，当处于危险境地时，比如在一架被劫持的飞机或一艘即将沉没的轮船上，人们会在第一时间与周围的人联系，比如向附近的人大喊："老头儿，没看见我快淹死了吗！快扔件救生衣过来！"

人在感到不安的时候倾向于独处。在耶鲁大学一项关于口腔敏感度测试的研究中，研究者要求被试吮吸婴儿奶嘴或自己的手指，在做这些婴儿口腔期行为时，被试通常会表现出明显不安。所以，当被问及是选择一个人做还是与其他人一起做这一行为时，他们会毫不犹豫地选择前者。

大部分人在面对焦虑不安时之所以会选择独处，是因为他们担心自己可能表现不佳。他们可能会想："别人肯定会猜我为什么要吮吸手指。""我行为异常，别人会怎么看？"由于害羞者总是认为自己的表现不妥，所以他们通常会选择独处来避免臆想中的被嘲笑。在自我防御的同时，也失去了获得反馈的机会，从而深化了自己的害羞情结，认为"因为太害羞了，所以我不能与别人交往"。

在自助餐厅聚餐时，这种自我防御式的选择孤立表现得尤为明显。自助餐厅聚餐通常以许多人坐在一起聊天为主，而大部分害羞者会提前或延迟享受美食，因为这时周围的人比较少。为了避免与人交流的尴尬，他们通常会选择桌角的位置，或干脆把身边的椅子拉开，有时甚至会在旁边的椅子上放一件衣服暗示此位已被占。当身旁有人时，他们一般会埋头看书或读报。如果有人愿意与其交谈，他们会在嘴里塞满食物以避免继续谈话。这些都是害羞者避免与人交谈的有效方式。

进一步说，许多害羞者其实很乐意加入邻桌的聊天闲谈和愉快说笑。实际上，即使他们谢绝了邻桌的邀请，还是会为没有分享到这种快乐而懊恼万分。在接到他人真诚而温暖的邀请暗示时，害羞者往往会有大胆的举动。但对那些特别害羞的人而言，只有在接收到更强烈的信号时，他们才会有所回应。当然，邀请者也要慎重行事。

存在亲密行为障碍

一旦两个人决定发展某种关系，友谊之旅就开始了。但要想深化这种关系，首先要展示自我。在自我表露的过程中，要分享彼此的人生观、价值观、目标、理想，甚至个人隐私。事实上，自我表露是从陌生人到朋友、从朋友到爱人的必经之路，所有的亲密感都是从自我表露的基础上发展而来的。而分享的前提是信任，那么，如何才能在真正了解一个人之前做到信任呢？

心理学家西德尼·朱拉德（Sidney Jourard）对自我表露这一矛盾的过程有过深刻的描述，他写道："为了保护自己不受拒绝、嘲讽和伤害，在了解别人之前，我们会自我掩饰。"但是，如果不进行自我表露，他人就无法了解我们，于是，我们往往表露了不真实的自己。朱拉德认为："这样做结果会更糟。在看似成功保护了自己的同时，也失去了接触真实自我的机会，而且会产生更多的误解。"

信任和自我表露都要以安全感为基础。一个人只有觉得另一个人完全可靠时，才可能尝试表露自我。但是，当一个不害羞的人尝试接近害羞者时，他会发现不同的人对安全感的理解大相径庭。例如，在聚餐时，如果一个人问："你喜欢这里的食物吗？"害羞者可能会大跌眼镜，因为他无法回答如此私人的问题。同样，如果另一个人说："你好，我是亚当，你叫什么名字？"这个私人问题也可能得不到答案。所以，对一个害羞者而言，私人问题、评价性的话题等都不能成为聊天的内容，尤其是当这个人正在做某件事或正在穿某件衣服时。当然，这会使一个想得到坦诚回答的人感到迷惑不解，他不明白为何对方连如此寻常的问题都拒绝回答。

所有人都会在自己周围建立无形的私人空间，但害羞者的私人空间更大。**他们在人际交往上设置了很多心理障碍，而这些心理障碍决定了一名害羞者人际关系的范围。**

恐蛇者也会有类似的心理障碍。在一项研究中，研究者在报纸上刊登了有关恐蛇研究的广告，招募到了一些志愿者。经过一段时间，研究者使这些恐蛇者可以径直走过去抓起一条蛇。对这些恐蛇者而言，他们的心理障碍是“恐蛇”这个标签，这使他们尽量避开蛇，但并没有阻止他们抓起蛇，如果有条蛇出现在他们面前的话。有些恐蛇的人根本不敢走进一间有蛇笼的屋子，有的人能接受靠近蛇笼，有的人敢看别人手里拿的蛇，有的人敢触摸一下蛇，有的人则可以让蛇在自己腿上绕来绕去。达到不同的接受阶段是一个渐进的过程。而即使有了这些接触，也还有最后一个障碍要跨越，那就是当地上出现一条蛇时，你要想去捡起来。

在帮助恐蛇者克服心理障碍的过程中，研究者认识到了问题的复杂性。例如，人们必须克服走进有蛇笼的屋子的心理障碍，才能继续下面的环节，跨越式进程会适得其反。

害羞者在与人交往时会有同样的心理障碍。有的人不敢与人有眼神交流，精神紧张时更会觉得不舒服。一般来讲，女性更喜欢眼神交流这种交流方式。有些人在熟悉的环境中可以应对自如，但在陌生环境中则显得十分拘谨。不过，对于新环境和陌生人，每个人都可能会害羞。当然，也有人在陌生人面前从不害羞，他们是天生的“自来熟”。

我曾经有一位极为害羞的学生，后来她突破了这种心理障碍，这令我非常吃惊。21 岁的劳拉是一个漂亮女孩，一听到别人叫自己的名字就会脸红，毕业后却做起了人体模特。男士来到她的公寓为她拍裸照，或是看她做各种撩人的姿势以汲取创作灵感，而她获取每小时 20 美元的报酬。当然，前提是绝对禁止身体触摸！对于如何克服心理障碍，敢于在陌生人面前裸露身体，她是这样说的：

> 我一向以端庄的形象示人，所以在陌生男人面前裸露身体对我来说也有点不可思议。但是，在入行之后，我很快就学会了以客观的眼光来看待男人，就像看待物品一样，这也是他们看待我的方式，

接下来就容易多了。我觉得自己处于优势地位，事实上，当我的工作结束时，一些没获得灵感的男人会感觉相当沮丧。

因为很多表象都具有掩饰性，所以想弄清害羞者的心理状态很不容易。某个行为单独看起来可能非常简单，但它的背后往往隐藏着十分复杂的动机。充满慈爱的拍打、善意的嘲弄、反面的恭维都是典型的例子。

SHYNESS
WHAT IT IS, WHAT TO DO ABOUT IT

心理学家伦纳德·霍罗威茨（Leonard Horowitz）把表现人们内心世界的外在行为分为两类：第一类是C型，即亲近他人的行为；第二类是D型，即疏远他人的行为。当人际关系中出现合作、赞同、亲近、分享和爱时，C型行为出现；当人际关系中出现疏远、刁难、不信任和敌意的时候，则发生D型行为。

有时，D型行为会阻碍他人展示C型行为。有时候，害羞者可能会发出双重信息，比如“走开，我需要你”。这可能不是有意识的，而是一种防御手段。正如一名年轻男子所说的：

我对稳定的爱有强烈的需求，渴望从朋友那里得到积极的反馈。我偶尔会做一些奇怪的事来确定自己在朋友心里是重要的。

这些“奇怪的事”可能不仅仅是为了考验友谊，也是他害怕失去的无意识反应。许多人对学业、社交和性关系中可能出现的失败有强烈的恐惧。如果无法克服这种心理恐惧，人们偶尔就会做出一些荒谬的举动来掩饰。通过这种方式，失败就会被归咎于准备不足，而不是能力不足。

临床医生理查德·比利（Richard Beery）认为，用掩盖失败的方式处理问题会南辕北辙，因为“那些人制造了他们所害怕的情境，在做事的过程中，他们会有一种错觉：我正在控制它，在尽可能避免其发生”。那些表面上注重发展更和谐的人际关系或性关系的人往往会得到相反的结果，但他们并不知道这种失败源于自己无意识的行为，而会认为导致失败的是时间、地点、他人、体制或其他因素，唯独不是自己。看看那些想要娶个天仙般老婆的男人给自己套上的枷锁，和那些明知男友赌博、酗酒还非嫁不可的女人给自己设置的牢笼就知道了。

有时候，恐惧失败和害怕成功会相互交织在一起，因为成功可能意味着改变身份，调整处事方式，放弃美好的旧时光或面临未知的挑战等。我认识好几对夫妻，都是在关系似乎很和睦时没有任何征兆就分手了。丈夫突然变得对妻子冷漠、疏远，不久，婚姻就走到了尽头。事后丈夫解释说“她的控制欲太强了”，正是亲密感使这个男人崩溃了。

人们并不知道他们发出的信息常常是自相矛盾的，因为这些信息受到意识和无意识两种因素控制。在特定情况下，这些双重信息会因别人的误解而变得更加面目全非。中学舞会就非常好地说明了这一点。

过分担心糟糕的后果

爱默生说过：“社会就是一个假面舞会，每个人都藏起自己真实的面孔，而别人也了解这一点。”我试着用多种方式了解害羞者如何面对窘境，其中一种方式就是舞会。中学舞会是许多人都很熟悉的场景，每个人都曾多少次梦想着能在舞会上碰到自己的梦中情人，或是来点刺激的身体接触。虽然拉尔夫·凯斯（Ralph Keyes）说：“就连艾里·麦格劳（Ali McGraw）这样出众的美女在中学时期也没有收到舞会的邀请函。”但即使这样举例，也安慰不了那些没有受到邀请的人。

为了了解害羞者在这种社交场合的表现，我特意为害羞研究组的学生们安排了一场中学舞会，有迪斯科音乐、壁炉和昏暗的灯光。那些特意打扮了一番，换下牛仔裤，穿上礼服的女孩迅速站到了一起，而那些身着休闲夹克、系着领带的男孩也马上找到了自己的队伍。

10分钟过去了，还没有人进入舞池。这时候，男孩队伍中的几个活跃分子开始蠢蠢欲动了。他们慢腾腾地挪到队伍边缘，向女孩那边靠近，而迎接他们的是谨慎和略带戒备的目光。

“杰夫，你先上。”

“别推我，伙计，我准备好了再过去。”

“嗨，迈克，卡罗琳正看你呢。”

“你要走运了，只要去邀请她，她肯定就会答应的！哎，只是她对我来说太高了。”

“加油啊，朱迪，为什么不去和那个外国学生跳舞呢？他看起来也正有此意呢。”

“挺起胸来好不好？塞西莉亚，这又不是小学生舞会。”

最后，高个子杰夫去邀请科琳跳舞，尴尬的局面终于被打破了，他们伴随着欢快的音乐走向舞池。越来越多的男生开始走过去邀请女生，他们原本整齐的队伍逐渐瓦解了。一曲过后，音乐放慢了节奏。这时，舞池明显安静了下来，拘谨的笑容、不安的神情浮现在人们脸上，舞曲节奏越慢越是这样。在快节奏的音乐中，人们不必有太多的语言交流，只需把精神集中到跳舞本身即可。但慢节奏的舞曲总是让人联想到亲密这个词，所以，这个时候你就不得不和舞伴说点什么，否则单纯地扭动身体是一件很不自然的事情。邀请某人共舞一曲华尔兹可能会被人们看成关系暧昧，而跳迪斯科或许只会让人想到跳舞，至于舞伴是谁都无所谓。

迈克走过去邀请可爱、害羞的朱迪，问她是否愿意和他跳一支舞。

“为什么每个人都跟我较劲呢？”朱迪红着脸说，同时也算回答了塞西莉亚刚才的问话。但迈克马上觉得自己被泼了一盆冷水，他后退一步，把手插在口袋里，但并不愿意就这样无功而返。

“呃，愿意和我跳支舞吗？”他略显紧张地向最后一排的一位女孩发出邀请。

“你在跟我说话？”

“嗯，是的，愿意和我跳支舞吗？”

“哦，抱歉，谢谢你的邀请，不过我还是待会儿吧。”她怎能接受被人排在第二位的邀请呢，这太没面子了。迈克备受打击，手足无措。但好在他不是一个害羞的人，最终还是找到了舞伴。

音乐声越来越大，节奏也越来越快，整个舞池都挤满了人，观众席上只剩下两名坐在后排的女孩。要想得到她俩的青睐需要付出更执着的努力，这两个最害羞的女孩也证实了自己的预言：“大概没有人会邀请我跳舞，我还是坐在后排吧。”是啊，没人邀请她们，因为她们选择了最阴暗的角落，那里的花从来不会绽放。

虽然每个人都知道这次舞会仅仅是一次演习，但他们并没有因此而降低自己的紧张感。对女孩子来说，第一个受到邀请与最后一个才被注意到是截然不同的。而男生们琢磨的则通常是：“她要是拒绝我怎么办？”“她会不会不喜欢我跳舞的方式，或者不想和我交谈？会不会觉得我表现得太殷勤了。”

在舞会上，我们了解每一个动作和姿势的含义。参加舞会的人感觉舞池是最安全的地方，因为这里所有的行为都是按照固定模式进行的，不存在竞争，自然也没有赢家。正因为如此，人们都在重复礼节性的动作：邀请一个舞伴，与舞伴一起进入舞池，随着播放的音乐起舞。如果此时，有一个人瞬间闪现了与众不同的想法，那这个人超常的举动往往就会受到鼓励与关注。一个典型的例子就是当一曲结束，男士还拥着舞伴继续跳舞。

一名男生按照我的要求，在舞曲结束后继续拥着舞伴跳舞，他的舞伴随即就认为他更有吸引力，更体贴周到，而那些舞曲一停就停止动作的男生则得不到这样的评价。所以，如果你想低调行事，循规蹈矩就可以了；如果你想卓尔不群，那就得有所创新。

对于那些想找一个中意的舞伴而又担心被拒绝的学生，我建议他随意地问一句："你喜欢跳舞吗？"

如果对方回答"不喜欢"，那他可以马上接着说："我也不喜欢，没想到来到舞会后才发现自己不喜欢跳舞，对放的音乐也没感觉，想邀请别人跳吧，又怕人家不赏光，对我这样一个害羞的人来说真是个难题啊！"

"你害羞？"

"可不是嘛，你呢？"

然后，你们可以继续谈论害羞的问题，告诉你的理想舞伴所有她想知道但羞于开口问的问题。

有学者在俄勒冈州开展了一项研究，目的是调查一些男女为何羞于约会。在过去的 6 个月中，那些约会少于 3 次的男性和约会少于 6 次的女性被归为重度约会拘谨者。许多有趣的研究结果表明，男性消极的自我评价比缺乏社交技巧对自己的影响更大，女性则相反。

研究人员为参与调查的男性准备了约会手册，包括各种各样的建议，以帮助他们处理约会中的各种状况。事实证明，这种手册在帮助男性增加约会次数方面是有效的。本书的第二部分列举了这些建议。

女性的情况如何呢？由于妇女运动的开展，越来越多的女性走出了消极等待的误区，在自信和相关技巧的鼓舞下开始掌握主动权，大方地和男性搭讪，邀请他们出去吃饭、跳舞或来场约会。

有时候，这种令人敬佩的勇敢也会吃闭门羹。下面是一位名叫玛丽的女士的亲身经历。

在舞会上，我看到一位让我怦然心动的男性正在跳舞，我真想和他一起跳，但随即内心就冒出一种畏惧感。整个晚上我都在鼓励自己邀请他和我跳一支舞。我一边默默地期待他的邀请，一边责怪自己不敢走上前去。

几个月后的一天，我又见到了他，于是就走过去对他说："我想跟你说几句话。"他问道："怎么了？"我说："你非常英俊，我觉得你很有魅力。"他说："噢，老天。"然后尴尬地朝周围看了看，喃喃自语道："呃，那不重要。"他还说真想找个地缝钻进去。随后，他看起来就没那么自信了。

与此同时，因为我是天生害羞的人，而他是习惯性害羞者，我不敢盯着他看，更不能传递出想与他进一步交往的信息，我这种直截了当的问候一定是把他吓坏了，可想而知，结果很糟糕，我永远都不愿再提起这件事。

真令人苦恼！这是我有生之年第一次对男性主动出击，结果却比想象的更糟，看起来做个男人也并不容易。这件事以后，我再也不想看见他了。

问题出在哪儿呢？玛丽的开场白应当如何说呢？

近年来，女性不再一味坐等白马王子的邀请，而是选择以主动出击的方式实现自己的愿望。但正如一句古老的荷兰谚语所说："谁选择，谁麻烦。"这是因为当你从人群中站出来，做一个公开的选择并要为结果负责时，问题自然就出现了。然而，也只有通过这种选择，你才能认识自我，实现自我。

很多和玛丽一样的女性，受传统教育的熏陶，认为女性就应该扮演被动的角色。害羞更强化了这种消极思想。同样，男性从小就被灌输要有男子汉精神。所以，当玛丽邀请约翰跳舞时，这种平衡就被打破了，即使玛丽的邀请礼貌而优雅，约翰还是会犹豫，因为内在的男性角色要求他应该掌握主动权。事实上，问题在于约翰的调控能力，他可以通过更多的主动经验去改变性别规则，或是通过心理咨询来解决这个问题。而玛丽在直白的邀请中根本没考虑到这一点，一直沉浸在自己的幻想和焦虑中。

其实，玛丽的接近方式并不优雅，她用自己也没想到的招数发起了进攻，完全是一副女权主义者的姿态，她直白的表达方式实际上与说“嗨，宝贝，我喜欢你的身体，一起来玩玩吧”没有差别。毕竟，她在和约翰没有任何关系的基础上就发起了直接、强势的进攻，而原因就是约翰迷人的外表。不过，虽然约翰可能难以接受，但玛丽在忍受了几个月的单相思后，突然碰到梦中情人，表现过激也情有可原。遗憾的是，害羞的约翰不善于接受别人的赞美，直接使这次邂逅变成了无言的结局。

从这个看似简单的在舞会中邀请陌生人跳舞的案例中，我们可以看到其中包含着人们复杂的情感。在大胆直接地接近心上人的过程中，由于存在很多不确定的因素，担心、渴望、厌恶、气愤和尴尬等情绪被夸大了。**他们没有对此抱一颗平常心，而是过分担心糟糕的后果；没有享受这一次邂逅的快乐，而是过分关注自我。**

今后，玛丽可以通过练习社交技巧让自己掌握主动权。她应该在跳舞前更多地了解他人，以温和的方式去接近喜欢的人。一旦遇上心仪的人，她应该自然地流露个人情感，看准场合表达自己的赞美，比如可以在一曲结束后，坐在约翰旁边并跟他说：“我可以坐这儿吗？你的舞跳得棒极了，在哪儿学的呢？”即使约翰会对这种直接的赞美感到不好意思，也还是可以回答问题。然后话题可以转移到跳舞的乐趣、美妙的音乐以及工作一周后的娱乐活动上，比如“你做什么工作”等。有这些谈话做基础，就等于为约翰邀她跳舞做好了铺垫。如果他没有这样做，玛丽也可以说：“很高兴和你聊天，咱们是继续聊呢，还是边跳边聊？”这样，就给了他两个选择，一个是继续跟玛丽聊天，另一个是跳着舞跟玛丽聊天。如果他两个都拒绝，那么玛丽就可以再次表达对他的赞美，然后寻找另一个可能接受自己的绅士。

无法维持亲密的恋爱关系

性或许是整个世界运转的动力，但对害羞者而言，性往往是件令人厌恶的事。事实上，一旦有性事涉足，每件日常小事都能点燃害羞者焦虑的导火索。做爱是害羞者可以想象的最具挑战性的情境了。没有明确的指导说明，男女双方都赤身裸体，褪去了外部所有的保护层。许多人不了解其中的技巧或没多少机会去实践，还有很多人受到了好莱坞爱情影片、情色书刊、肥皂剧等的误导，把传统的价值观视为老顽固或敌人。难怪被调查的害羞者中，有 60% 的人担心伴侣在性方面与自己的观念相悖。

对性有畏惧感

伴侣双方都因为性表现而焦虑。女性的问题通常是“我是否能取悦他”“他是否觉得我有魅力”；男性的问题则更具体，比如“我能否正常勃起、持续时间长一些并达到高潮”“我的宝贝是否够大，能否令她满意”。无论这些问题得到过多少次肯定的回答，下一次做爱时，他们仍会出现同样的疑惑。

对性行为有一种形象的描述，即“两步走”过程：接到邀请去“一起玩玩”，如果同意，接下来就是“付诸行动”。迈出第一步需要克服很多障碍。恋爱和下棋一样，在决定时刻到来之前，人们脑海中会闪过多种设想，每一步都伴随着忐忑，充满了变数。如何亲密就座？何时甜蜜拥吻？采取哪种方式，并做到恰如其分？怎样才算恰如其分呢？当一个人边考虑边按计划进行时，另一个人是否也察觉到了这些信号？当一个人礼貌地说“不”时，他真实的想法到底是什么？是假装推托还是真正的拒绝呢？

大部分人会在某些与性有关的情况下感到害羞，正如一名女士所描述的：

> 当和某人第一次发生性关系时，我会十分害羞。因为那时暴露的是最私密的自我，赤裸着身体，所有缺点都一览无余，无论怎样自欺欺人地臆想他不会注意到我这些缺点都无济于事。

在某些情况下，通过不恰当的方式了解性知识也是一件危险的事，对害羞者而言更是如此。一名 50 岁的妇女描述道：

> 和异性在一起时我总觉得别扭，这跟我的身体发育早（10 岁就开始了），却从未接触过性知识有关。因此，对我而言，性自然成了最神秘的事，也是我最关心、误解最多的领域。我真正了解性知识是在大学一年级。那时，除了学习法语和西班牙语，我最大的收获就是宿舍的“卧谈会”上关于性的大胆而热烈的讨论。但是，吸收这些新知识并没有让我感到高兴，反而使我更加内向，并对怀孕和没有性功能充满了忧虑。

因为羞于表达，害羞者在亲密关系与性表达方面更容易产生困扰。下面这个案例从侧面说明了害羞者遇到的性问题：

> 我今年 26 岁，白人，男性，来自中产阶级家庭。我现在还是个处男，这足以说明我很害羞，这也是我最大的失败和不能让人知晓的秘密。我的家庭非常保守和传统，家里从来不谈性，我对性一无所知。所以当我生理勃起时，我感到十分尴尬，在 19 岁之前，我不知道自慰是什么。此后，我记忆中只有两次达到过性高潮，而且都是在淋浴时无意中达到的。我迷恋那种感觉，但对自慰充满了罪恶感。后来，当了解到自己的性经验是多么匮乏时，我就更羞于与女孩子约会了，因为我根本不知道该做什么。

害羞者对亲密关系往往有严重的畏惧心理，因为当他们的私人空间受到侵犯或自己被评价时，都会表现出脆弱和不安。我对上过我心理学课的 260 名学生进行了一次匿名的性经历调查，结果发现，害羞对性行为有显著影响。

害羞者和非害羞者在约会进展上区别不大，但是，当恋爱关系变得更加亲密、深入的时候，两者的差别便开始显现了。表 5-1 是对 100 名害羞者和 160 名非害羞者进行调查所得的数据，从中可以看出很大的不同。

表 5-1　对害羞者和非害羞者的调查

	害羞者	非害羞者
我接过吻	73%	87%
我自慰过	66%	81%
我有过性行为	37%	62%

在调查中，不同性别的害羞者的数据差别不大，但在对处男与处女的调查中呈现出巨大差异。75% 的害羞女生说自己是处女，而非害羞女生的这一比例为 38%；59% 的害羞男生说自己是处男，而非害羞男生的这一比例为 38%。害羞女生在自慰比例上比非害羞女生低 30% 多。一些害羞者甚至从不敢在镜子里看自己的裸体，即使独自一人也会感到害羞。

男生在这些方面差别不大，但是害羞的男生在各种性活动方面表现出了更多的消极感受。同样，害羞女生在约会、自慰、做爱等方面体验到的愉悦感也较低，甚至约有 25% 的女生认为在做爱之类的亲密活动中体验不到愉悦感。尽管这个样本有些局限性，但它仍然清晰地反映出，害羞者在性方面的经历较少，获得的愉悦感较低。

缺乏交流，导致误解

那些对性爱感到害羞的伴侣，我们可以推测其做爱风格可能也是在黑暗中进行：简单、快速、无声。即使已经结婚，他们也羞于对性进行探索和讨论。而由于缺乏对性的交流，他们就容易在其方式和目的上产生误解和误导。例如，默不作声地寻求“销魂一刻”可能使很多般配的夫妻对性生活产生不满，毕竟在不了解男女两性生理构造差别的情况下，要想同时达到高潮是一件相当困难的事。

如果伴侣之间缺乏开诚布公的交流，这种不切实际的期望就会使他们丧失对性的愉悦感。下面是路希尔·福勒医生的描述。

> 许多男性告诉我，只有当妻子在性生活中达到了高潮，他们才会感到惬意。如此高的自我期望多会以失败告终，因为两性生理状态会因时间、地点和环境的不同而不同。而且，男性这种以女性性体验为中心的自我评价不但欺骗了自己，也欺骗了妻子，没有把妻子当作性生活中独立的个体来看待。

害羞者的个性首先会在性方面表现出来。男性对勃起的焦虑会妨碍性欲的自然调动，女性对性满意的压力会破坏自发的愉悦感。当人们的性身份不是由一系列自然的情感和反应来定位，而是以成功的性表现作为标准时，距离失败就不远了。

精神病医生乔治·所罗门（George Solomon）和约瑟夫·所罗门（Joseph Solomon）认为临床医生要提高警惕，害羞是导致性压抑和性不满足的一个原因。他们提供了一个事例，证明害羞可能与性问题有关。

SHYNESS 玛莎的故事
WHAT IT IS, WHAT TO DO ABOUT IT ➤➤

玛莎是一名 29 岁的未婚女性，她是害羞和自我忽视的典型。她温顺、沉静，从不为自己辩解，经常遭受性骚扰。她从小就口吃，很怕说话，还担心自己有体味，每天要洗两次澡，用女性除臭剂，到处喷洒香水。她在性经验中一直伴随着焦虑、窘迫不安，并且害怕在做爱时发出声音。

一些与玛莎一样的人把性看成肮脏、不可告人的事，他们觉得和自己喜欢或尊重的人发生性行为简直是一种亵渎。有些人只有在跟比自己“低级”的人发生性行为时才能找到快感。很多人认为在浴室做爱会提升快感，但对害羞者而言，在浴室做爱会令他们更加窘迫。

在某些场合，害羞可能导致乱交，因为说“不”和“控制整个局面”可能比顺从男性的意思困难得多。当然，发生乱交也可能是因为当事人想通过这种方式来获得一种幻想中的心理安全感。毕竟，如果人人都想得到我，那我肯定是很有魅力的，不是吗？

彼得·沃世博士（Peter Wish）是新西兰人类性协会的执行董事，在一次电话采访中，他对害羞与性障碍之间的关系发表了自己的观点。

> 有时候害羞和性障碍之间确实有一定的联系，无论害羞在性障碍中是原因还是结果，都与内心焦虑及个人经历有关。许多被性障碍困扰的人往往都会疏远他人，因为他们无法肯定自我，并且会有窘迫感。那些患有阳痿或早泄的男性更容易远离他人，且自我价值感很低。然而，退缩和害羞会导致更严重的性问题，并进一步发展为永久性的性功能障碍。

大多数没有得到性满足的人甚至在与治疗师和一名助手在同一间屋子时，都会感到窘迫不安。有的人会对自己的性问题轻描淡写，或是故意忽视其重要性，比如他们会说：“先不谈这个，好吧？”有的人会勉强谈论一下自己的单身经历，从而避免触碰到性这个实质性问题。正因为害羞，他们在咨询中也收获甚少。

对害羞者而言，理想的对策是不仅有性能力，还应该将性经历看作一种人类最自然的经历。伟大的人类学家罗洛·梅（Rollo May）坚信，每个人生来就懂得这些。

> 我们每一个人，当他经历生活中的孤独与寂寞时，都期待他人的陪伴，渴望进入一种温暖而有力量的关系之中，自然，爱是一种最好的形式。在适当之时，内心的狂热令我们亲近他人，通过爱与性，创造我们的新生活，并提升我们生活的质量。我们从爱中感受快乐甚至狂喜，并惊奇地发现，原来爱可以影响他人、塑造他人甚至成

为爱人心中不可替代的那个人，爱是发现个人价值的重要途径。

我们渴望生命中爱自己的人在合适的地点、恰当的时间等候自己，有时我们甚至渴望那种狂热的爱。

在《希腊左巴》(*Zorba the Greek*) 中，著名作家尼科斯·卡赞扎基 (Nikos Kazantzakis) 就为我们成功塑造了左巴这个艺术形象：他可以成为我们人生中的导师，让我们远离以自我为中心的羞怯，用心去爱，将爱付诸行动。对左巴而言，“与自然对抗是一种罪恶”，当想爱时就大胆地表达自己的爱，随时欣赏自然界的美景，享受人际交往中的乐趣。左巴用自己的实际行动教会他害羞的上司米切尔跳舞，同样，左巴也教给我们如何不受压抑地尽情表达自己的情感。

然而，即使是左巴这样热爱生活的人，在面对下一章出现的问题时也会束手无策。

本章提要 SHYNESS WHAT IT IS, WHAT TO DO ABOUT IT

1. 害羞对人际关系的主要影响：

(1) 陷入人际关系的窘境，内心渴望交往却表现得漫不经心；

(2) 存在亲密关系障碍，限制了人际交往的范围；

(3) 过分担心糟糕的后果，因而无法享受邂逅的快乐。

2. 害羞对恋爱关系的主要影响：

(1) 对性有畏惧感，无法安然享受性的美妙；

(2) 彼此之间缺乏坦诚的交流，容易出现误解。

06

易被忽视的害羞，会导致严重的社会问题

SHYNESS

WHAT IT IS, WHAT TO DO ABOUT IT

所谓害羞者的“牢笼”，不过是自己建造的心理障碍，使我们无法过上舒适满足的生活。而在解决问题之前，我们需要做的是：移除这条布满荆棘的害羞之路上众多的绊脚石，走出悲伤和痛苦，远离偶尔的癫狂。

到目前为止，我们已经看到了害羞所产生的各种影响。不难看出，所谓的“牢狱”不过是自己建造的心理障碍，它让我们无法过上舒适满足的生活。但是，在解决问题之前，我们需要做的是，移除这条布满荆棘的害羞之路上众多的绊脚石。只有这样，我们才能走出悲伤和痛苦，远离偶尔的癫狂。

在本章中，我们将会对那些与害羞互为因果的、具有攻击性的个人和社会问题进行探讨，比如性爱交易、酗酒以及暴力行为。因为到处都充满害羞的人，所以我们可以把未来社会看作一个完全顺从的社会，害羞者愿意用自己的自由去换取安全。而我们目前的生活或许恰恰也是这样。首先，我们来看看第 5 章中谈到的重要隐私问题：作为一个害羞的人，你怎样满足自己的性需求呢？就像有首歌里唱的那样，“你不可能得到所有你想要的，但付出一点金钱，你就可以得到一些你需要的”。

性爱交易：替代稳固的亲密关系

“我从来不知道同一个女人做爱是如此美妙。”当他穿上衣服准备离开时这样说道。

“我很高兴你已经痊愈了。虽然今天我是个主动出击的人，不过从现在开始你可以决定一切。不用惧怕女人，只需去寻找你喜欢的类型，别像个小孩子一样，要像个真正的男人。”

——萨维拉·霍兰德《快乐的妓女》

只有通过亲密的性爱关系，人们才能避免孤芳自赏，与另外一个人融为一体。同样，亲密的性爱关系也能把人们的弱点暴露出来，对方会发现你的秘密计划、收藏私物的地点以及作为一个成年人必须向这个世界掩饰的不安全感。对于许多害羞的人而言，这些亲密行为要付出太高的情感代价，所以他们无法与伴侣保持长久的关系，相反，大多数人希望通过金钱来满足自己的性需求。

哈罗德·纳维（Harold Nawy）对旧金山色情书刊消费者的调查分析指出，男性色情书刊的消费人群同长期害羞人群有着十分有趣的相似之处。研究发现，男性色情书刊的消费者中，大部分人单独观看过色情电影，大部分人很少或没有见过父母的裸体，甚至很多人在 21 岁之前没有过性经验。有超过 40% 的人对自己的性伴侣不满意，如果他们已婚，那他们的妻子通常不明白电影中所演的“午后的冒险”是什么意思。在过去的一年中，超过半数的人在色情书刊上的花费超过 100 美元以上。75% 的人表示，他们购买的色情书刊来自成人书店。

美国成功人士的典范“白骨精”（白领、骨干、精英），披上一件雨衣或许就成了纳维口中的色情电影迷。他们最典型的特征就是：中年白人、中产阶级、已婚、穿着优雅、受过高等教育，并拥有一份白领的工作。或许他们不曾爱过，现在没有爱着谁，将来也不打算冒险与谁保持真正的亲密关系。不管怎样，在纳维的抽样调查中，有 80% 的人认为色情书刊为他们无处发泄的感情找到了宣泄的出口。当然，想要宣泄感情其实还有另一个方法，那就是到色情场所去，至少对男性而言是这样。

旧金山一个被查封的色情场所的妈妈桑凯蒂小姐告诉我们，曾经有位客人愿意付 60 美元一小时找个小姐，却因为太害羞而不敢上楼。“我们这里的消费价格不菲，但这些客人不停地谈论婚姻和工作中的压力，有时候，还要提醒他们到这里来的目的。”

为了收集更多性爱交易与害羞之间存在某种联系的信息，我们让曾经做过性工作者的女士在旧金山德兰西基金会采访了 20 位性工作者。她们中有一半人是站街的，其他人则是通过拉皮条的人在酒店或家里做生意。生意好的时候，每个人平均一晚上要服务 6 个客人，一些偷懒的可能只服务 2 个客人，而最多的在一个晚上能服务 20 个客人。

我们问她们认为自己的客人中大概有多少人是害羞的，她们说有 60% 的人是。其中还有一些人认为实际上自己所有的客人都很害羞，有 2 个人觉得只有不到一半的人比较害羞。遗憾的是，我们无法验证这些数据，所以我的结论必须慎重严谨。

不过，受访者的回答依然能帮助我们更好地理解害羞男性接触性的途径。

问：你怎么知道他们很害羞?

答：
- 他们通常都会一直看着你，这是一种暗示，我不喜欢这样，但必须忍受。
- 他们通常会开车在附近街道转悠四五圈之后才接近我们。
- 他们很腼腆，不会表现得很强硬。
- 他们对脱衣服表现得很难为情。什么都可以说，但除了性。
- 害羞并不代表安静，只是说他们非常笨拙，并且不知道如何去主导性。
- 他们看起来很失望、很孤独。
- 他们需要鼓励和帮助。

问：在对待你的方式上，害羞的客人与不害羞的客人有差别吗?

答：● 有差别，通常害羞的人会更笨拙一点。

● 就好像我是主导者，而他们只是附和我。直到我提出建议，否则他们不知道该说些什么。

● 他们没有攻击性，你可以非常放心。

● 他们更礼貌一点，这是最大的差别。

● 当他们害羞的时候，你可以让他们感觉更自在一点，这样就可以赚更多的小费。

问：你注意过害羞的客人在性方面的表现吗?

答：● 他们对此很担心，通常都很紧张。

● 他们非常担心被逮到。

● 我得说他们很快就会达到性高潮，因为他们很焦躁。

● 很难令他们集中注意力，因为他们过于关注自己。

问：为什么害羞的男性会花钱找乐子呢?

答：● 因为太害羞而无法告诉自己的妻子或女友他们真正喜欢什么。

● 这样能满足他们的性欲。我发现害羞的男性对性有很多误解，他们觉得不能把自己的喜好告诉妻子。

● 他们需要有人教他们怎么做。

● 他们或许没有女朋友，或者根本不知道该怎样交女朋友。

通过这个研究，我们可以对那些花钱进行性交易的害羞男性有一个最直观的印象。在性爱中，他们羞于付诸行动，笨拙得不知如何是好，他们是被动顺从的，他们担心自己的表现，不会表达对性的感觉和渴望。因此，他们用金钱来购买自己所需要的性。**他们不希望建立稳定的亲密关系，因为这样就不必承担情感损失的风险。**对于很多男性而言，一位性工作者对他的威胁要远远小于女朋友或妻子对他的威胁。性工作者往往会通过酒精令他们感到放松。而且，大部分性工作者在性生活中处于主导地位，会带领和教导男性应该做些什么，并且不管男性做什么，都会让他们感觉到舒服和满足。性工作者或许会先与男人订立一个性契约，这样他们就不用担心什么能做、什么不能做，以及他可以要求哪些服务，从而避免别人说自己“性变态”。

但是，性工作者自己又是如何看待性生活的呢？有 9 个人说自己完全不害羞，另外有 6 个人认为自己是害羞的，有 5 个人承认自己在一定的情况下会害羞，但当她们扮演性工作者这个角色的时候，看起来一点也不害羞。

受访者的回答可以被归纳为以下三类：

1. “是的，在某些时候我是害羞的，但在赚钱的时候似乎不会太害羞。”
2. “一般而言，是的。但既然必须去照顾其他害羞的人，自己的害羞也就不再是个问题了。”
3. “在一些环境下，我是害羞的，但当然与性无关。”

当然，有一些人即使在工作中也是害羞的，“是的，我非常害羞。能让我和一个男人睡在一张床上的唯一办法，就是超负荷地工作或者喝醉了”。

酗酒：借以掩盖自己的无能感

在美国，大约有 900 万酗酒者。约有 1/5 的人与酒鬼生活在一起，并且这种状况已经持续了 10 年或者更长的时间。我们常常责备酒精过量会缩短我们的寿命，但在过去的时间里，来自不同文化的人们对这种可以调节心情、带来快乐并使人陶醉的物质真是又爱又恨。现在，有更多的人开始适量地饮酒，其中很多酒龄还比较长，人们以此来宣泄生活的压力。所以，喝酒带来的社会和经济影响也越来越广泛了。

1971 年，有一个向国会递交的报告清楚地说明了这一点。更确切地说，酗酒是人们在所处的环境里，对生理、心理和社会因素的一种综合反应。我们不能说过量饮酒一定会带来怎样的问题，但有明显的证据显示，酗酒及其引发的相关问题酿成了许多悲剧性后果。

酒精能够让人们释放压抑的情绪，就像新闻工作者吉米·布雷斯林（Jimmy Breslin）指出的一样：

> 我们应当开始正确地看待饮酒。如果有些地方的法律禁止人们表达情绪，或者禁止人们释放压力，那么饮酒就不再是一种消遣娱乐，而是成为一种生存需要了。

一些专家认为，**害羞的人想要克服无能感，被别人接纳，并成为社会群体中的一员，而这常常直接与饮酒特别是酗酒联系在一起。**大卫·海姆斯博士（Dr.David Heims）曾评论道：

> 很多人都是因为感到自己社交能力不足而开始饮酒，这是大家普遍会选择的一种安全的方式。但他们从来不把自己的这种感觉看作害羞的表现，而是会用诸如“受惊吓”或“对人感到恐惧”这样更具戏剧性的词来做借口。他们害怕释放自己，害怕一旦这么做了会被别人排斥，于是开始借酒浇愁。

弗雷德·沃特豪斯（Fred Waterhouse）以前是一个酒鬼，现在是马萨诸塞州旅途之家委员会的主任，他与我们分享了自己的经历。他的害羞与酗酒之间存在一系列微妙的关系。

> 我喝酒是为了寻找成熟感和与同事平等的权利。当端着酒杯时，

> 我相信自己是一个更有魅力、更健谈、更耀眼的人。当然，实际上酒精更放大了我能力的不足，但作为一个害羞的酗酒者，我不顾一切地想要弥补，想要在他们的社会群体中被接纳、被认可。在戒酒后，我发现我的性格也发生了明显的变化。我相信，其他害羞的人也可以在戒酒后找到克服害羞的办法。害羞以及能力不足并不是无法改变的特质，我们可以靠自己的力量改变它，而无须借助于酒精这样的辅助产品。

另外一位酗酒者曾这样解释：

> 我在嗜酒者互诫协会遇到的酒鬼都有着病态般的害羞。当我思考这是为什么的时候，我的心灵受到了强烈的冲击，因为我自己也是一个酒鬼。喝酒的时候，我完全处于无意识状态。过度地饮酒让我忘却了自己应负的社会责任。但我怀疑人们之所以酗酒，或许是因为害羞。

害羞的青少年开始饮酒，通常是为了适应同龄人所带来的社会压力。他们希望自己被社会的大家庭接纳，而不是被看作异类。“我想融入主流社会”，一位上了年纪的害羞女性这样说，她已经酗酒好几年了。她接着说道：“我不想显得另类，被注意、被孤立、被算计。”

当开始酗酒后，他们反而失去了先前的社会地位。因此，他们不得不去寻找新的地方、新的朋友一起喝酒，一起证实他们那种无价值的感觉。成年人想找到新朋友向来很困难，对于害羞的酗酒者而言，如果没有一点酒量，那就更是不可能的事情了。最初，他们饮酒是源于对被他人接纳的需求和被社会拒绝的恐惧，但酗酒的直接结果是，他们真的被社会抛弃了，成了别人眼中另类、低能和劣等的人。

或许，对害羞酗酒综合征最强有力的解释来自我的一个亲戚。她最近才认识到自己是一个酗酒者，并且正在努力戒酒。

> 由于我们格外关注爱与被爱、接纳与被接纳，而正是这种关注令我们沉迷于酒精。我们有各种各样的恐惧，每天都想象着天塌下来的各种方式，又希望不会砸在自己脑袋上，事实上，它砸在了需要我们为之负责的人身上……不管是已经戒酒9年的男人，还是上周刚刚戒酒的女人，我们每个人都不得不承认，不管为什么会接受酗酒这种方式，和滴酒不沾的时候相比，当喝一点酒的时候，我们会更爱自己，别人也觉得我们更有魅力，更可爱、性感。问题在于，喝多少才叫够呢？酒精能给我们别的东西所不能给的。事实上，酗酒降低了我们的自我意识，使我们徘徊于道德底线的边缘。这条界限也让我们和正常人保持了距离。一个酒鬼在清醒时就像是戴着一副面具，他在酒精中寻找怎样释放自己，而他真正想要的不过是几个小时安静的睡眠罢了。那么，为什么酒精对他们的诱惑如此大呢？因为酒精能带给他想要的。

从我们对害羞的研究中可以看出，害羞的人常存在一些个人问题，比如酗酒、不愿主动寻求别人的帮助。因为要去寻求别人的帮助，至少需要一些社交技能、一个现实的自我评价、一些有目的的行动，以及能接受被当作异类或者无能的人。而这每一个都是长期害羞者的典型问题，会阻止害羞者使用可用的资源。嗜酒者互诫协会和其他团体治疗小组的成功之处或许就在于，面对那里和自己有相同情况的人，人们不会像面对那些穿着干净的专业医生和护士时那样害怕。此外，对于害羞酗酒者而言，这些治疗团体常常会成为重获生活中早已失去的社会联系与肯定的来源。在这里，想要戒酒，第一步是承认你是个酗酒者，第二步是向他人寻求帮助。

在这里我讲到许多人因害羞而酗酒，但这一结论还需要得到更多缜密数据的支持，而不是个案研究和专家观点的支持。一些研究数据有希望证明这一点。如果这种关系确实存在，那么，想要帮助害羞的酗酒者戒掉酒瘾，就先要帮助他们克服害羞。

暴力与犯罪：发泄郁积的挫败与愤怒

通常，害羞的人不会以公开的愤怒或敌视情绪来显露他们的挫败感。不过，如果郁积的愤怒到了一定的程度，就会迸发出来。比如，强奸是一种极具攻击性的侵犯行为，它侵犯了女性的性自主权。强奸犯的强隐蔽性和这种暴力性行为毫无感情色彩的性质，为不安分的男人提供了一个“安全的”性发泄途径，所以，当他们无法克制自己时，性侵犯就发生了。

对成年强奸犯的研究显示，他们通常在青春期的时候缺乏对女性的正确认识，并生活在一种没有性取向的家庭环境中。大多数强奸犯说，他们从来没有见过自己父母的裸体，从来不与父母谈论性，而且如果他们偷看色情杂志，通常就会受到严厉的惩罚。强奸犯在谈到性的时候有很大的障碍，比起其他同龄人，他们在性行为中也更少得到愉悦感。

强奸犯在心态上有一些共同点，那就是极其害羞，害怕异性，害怕亲密行为，害怕性行为。因为不能同女性接触，所以强奸犯会把自己变成一个残暴的野兽，以掩饰自己心灵的脆弱。强奸犯会破坏女性的完整性和爱情的美丽。这就好像一个故意破坏者，会毁坏他无法享受或者拥有的东西。确实，这种性攻击可能会导致许多女性畏惧所有的男性，因为狂野的性能量会摧毁人所有的理性和感性。

很明显，不是所有的男性都是强奸犯，但害羞的男性在处理他们强烈的情感时存在障碍。在我们害羞诊所就诊的人，尽管很多人面上有明显不友善的情绪，但他们还是不停地否认自己的不友善。他们谈到自己被一些无聊的、有攻击取向的人困扰，感到自己经常被强迫去满足在集体中更有权威的成员的个人诉求，感到自己受到了显然非常卑劣的权威的压迫。从他们的角度来考虑，谁会不愤怒呢？

这些人中有一部分人，对“远离害羞”采取冷漠、逃避的态度其实是在掩饰，这种态度可以保护自己不受他人的干扰。“当你表现得很随和的时候，别人就希望从你这儿得到一些东西，而这些东西可能是你不准备或不想给他们的”，一位在我们诊所就诊的法律系学生说道。

如果害羞者能够避免或者脱离糟糕的社会遭遇，他们一定会这样做。但是，如果遭遇是直接性的，且没有逃避的可能，那么害羞者就会处于困扰中。害羞者不能协商问题或者提出一个和解计划，没有能力提出一个和平且相互满意的解决办法。尽管不情愿，他们还是会被迫放弃自己的决定，选择屈服并去做别人期望的事。对于一些害羞者来说，这类情景反复出现。怨恨日积月累，但是一直被压抑在内心，并且伴随着其他一些害羞者都可能感觉到的强烈情感。然后某一天……

一个杀人犯的治疗师描述了导致这个人做出谋杀行为的情形。而之所以发生这样的事，起因是一组三角关系：习惯性害羞者 X 先生，即杀人犯；Y 女士，和 X 先生一起生活的妻子；还有 X 先生的女朋友。X 先生的女朋友是这样形容他的：

> 他说过自己非常害羞，而且他认为这同没有安全感是一个意思。小的时候，他宁愿上课尿裤子也不敢告诉老师自己要上洗手间……他认为个人的经历和感觉对他来说都是不真实的、无意义的。而直到杀了 Y 女士，他才意识到自己已经爱上了另一个人……

紧接着，治疗师描述了导致这起恶意谋杀事件的关键原因。

> Y 女士之所以意识到并感觉到有威胁，是因为她发现 X 先生正在与另一个女孩约会，并对那个女孩非常感兴趣。正是这个情况告诉她危机来临了。她曾两次离开 X，不久后又回到 X 身边，请求维持和稳定夫妻关系，她让 X 看清楚谁更适合自己，并要求他离开那个女孩。但此时的 X 想同时拥有两个人。在犹豫了几个星期之后，X 终于决定要和 Y 和好如初，并当着 Y 女士的面接连两次拒绝那个女孩，还发誓不再见那个女孩。Y 因为 X 之前的背叛而受到了严重

的伤害，显然，X也承受着巨大的压力，觉得以后再也不能让Y受到伤害。之后，在一个寻常的夜晚，X掐死了在睡梦中的Y。

现在，X先生要面临长期监禁，他有足够的时间来想明白怎样做才不至于落到这样的下场。只要他能把自己的想法说出来，而不是冲动地去杀害别人，就不会把自己推到绝境。

出乎意料的谋杀案件并不是偶然事件，似乎经常发生。

1. 加利福尼亚有一个叫埃德蒙·肯佩尔的15岁男孩，他长得异常高大，在同学眼中，他是一个有礼貌但孤僻害羞的人。他向祖母的头部连开两枪杀死了她，而他之所以这样做，仅仅是因为想知道杀人是什么感受。当祖父从店铺回来后，肯佩尔又用相似的方式杀害了祖父。
2. 一个在人们眼中懂礼貌且谈吐文雅的11岁的男孩，却捅了他兄弟34刀。
3. 一个18岁的男孩，在人们看来非常冷静，并且将来准备做一名牧师，但他却在纽约的一个教堂里袭击并勒死了一个7岁的女孩。
4. 在毕业的前5天，一个温柔、善良又随和的22岁男孩在一起银行抢劫案中杀害了3个手无寸铁的人。

在距离我们学校不远的地方，住着一个叫弗雷德里克·伍兹的年轻男人，他家拥有150亩的地产。他家的一个朋友这样形容他的父母："他们是我见过的最有礼貌也最谦虚的人。不过，他们几乎没有什么社交活动，他们的孩子更是如此。"弗雷德里克的同学对他的评价是安静、谨慎、害羞、退缩。一个邻居也说到，"他从来不和别人在一起"。弗雷德里克和另外两个人被指控绑架了26名小学生和校车司机，司机被关在一个地下室里，几天后被成功营救出来。

这种让人出乎意料的凶手往往会使人们非常惊恐，因为他们不仅没有任何行凶的征兆，而且作案手段非常凶狠。通常，我们认为有暴力倾向的人都很冲动，情绪控制能力较差，常处于某种困境之中。这样的人犯罪虽然会使我们感到害怕，但也让我们觉得不出所料。然而，假如你走进一家酒吧，刚在一个空位坐下，突然一个人走过来对你说“这是我的位子”。在你说“对不起，我不知道”或者起身让座之前，他却开始猛揍你的脸。我们怎么也不能理解有人会这样为人处事，事实上，这样的事确实是真实存在的，而且就发生在旧金山市区的某家酒吧里。唯一的区别是，在真实的事件中，那个占了别人位子的人被捅死了。

这种事件具有一定的警示意义，因为它强调了社会中那些无明显动机的暴力事件正在逐渐浮出水面。实际上，在很多城市警局的档案中都有相当数量的无动机或轻微动机的犯罪案件，例如因为“他占了我等了很久的停车位”等。

典型的出乎意料型凶手大多是年轻男子，在突发的暴力事件之前，他们是谦虚、安静、孝顺的好公民。他们不缺乏对刺激的控制能力，相反，他们是控制过头了。过分控制包括愤怒在内的所有强烈情绪，使他们没有宣泄的出口。所有一切都被压抑在心中，比如爱、恨、恐惧、悲伤以及正常的愤怒。他们不让别人知道自己的想法，也就没办法改变糟糕的现状，更改变不了对别人的影响。他们因为别人的需求而困惑，因为别人的轻视而感觉被奚落，因为别人对他们的需求和权利的不关心而自认为身价被贬低。这些愤怒一直郁积在心中，直到有一天无法控制而释放出来，也许就只是因为一点小事。

我又想起一个中年男人的故事，他叫桑切斯，是我在一次交通事故后住院时同病房的病友。他不太会说英语，所以很难告诉医护人员自己哪儿疼，有什么需求，也无法清楚地回答医护人员的问题。他只能躺在那儿，尽可能小声地呻吟。一天夜里，我被护士的尖叫声和玻璃杯砸碎在瓷砖上的声音惊醒。这源于桑切斯先生，就在凌晨 3 点护士过来叫醒他量体温的时候。

他站在床上，推翻装满直肠温度计和药瓶的托盘，把东西扔得满病房都是，嘴里喊着“不要再插肛门，不要再插肛门”。我不知道他是否需要住到精神科的病房继续观察，但我知道，在我和其他病人看来，桑切斯先生看上去非常软弱、顺从，不像是会以暴力对抗不够人性化的医疗服务的那种人。

艾德·马格里（Ed Megaree）对一组已被判决有罪的杀人犯进行了研究。这项研究涉及他们的暴力史，研究人员给他们做了一系列人格测试，试图找出他们与普通人是否有不同之处。马格里发现，与普通人群的数据相比，这些人对攻击性情绪的表达是低度控制或过度控制的。冲动型的罪犯过去往往经常打架或者曾多次因袭击、殴打他人等被法律制裁。而对过于内向的罪犯来说，犯罪时可能就是他们第一次公开表达自己内心的感受。尽管在过去的人生中也受到过刺激，但他们很少或从不在言辞中表达出自己的敌意。

这项研究还发现，与冲动型罪犯不同，这些过度内向的罪犯在突发事件中往往会不合情理地过度控制自己的情绪。我们发现，在明尼苏达多项人格测试（MMPI）中，非常害羞的人更容易过度控制情绪。我们研究小组的梅尔·李（Mel Lee）发现，第一次犯罪的罪犯比那些有一大堆打架斗殴记录的罪犯更加害羞。在同一个监狱中，我们将两种罪犯各抽样 20 人进行调查，结果显示，第一次犯罪的人中有 70% 是害羞的，而惯犯中仅有 30% 多是害羞的。

女性害羞者所呈现出的病态反应不如男性明显。社会道德不允许女性进行性交易，附近的酒吧也不欢迎女顾客。她们独自待在家中，远离商业环境，这导致害羞女性在能力上的欠缺远没有她们的配偶那样容易引起关注。

害羞的女性可以在日记中宣泄情绪，坦承自己是一个疯狂、寂寞、失败的家庭主妇，因为没有人会看她的日记。也许她还是个酒鬼，但只要打发孩子去上学，把每顿饭都准备好，不被别人发现就好。

但是，没有表现出那种病态反应并不代表病态就不存在。寂寞孤独的害羞女性最容易表现出心理学上的抑郁，而这可能导致药物依赖、嗜酒、精神疾病，甚至可能使她们以自杀的方式来终结极度的绝望。不过，虽然尝试自杀的女性比男性多，但男性的致死率更高，因为他们通常会选择更致命的方式。

那些在外面不得志的男人往往能够得到妻子的关怀，而当妻子无法安慰他们时，他们就会堕落。有一项报告指出，丈夫抛弃酗酒的妻子的情况，比妻子抛弃酗酒的丈夫的情况要多。

所以，害羞的女性并没有害羞的男性那样的宣泄出口，加上更深层次的孤独与封闭，可能会引起沉默的疯狂，例如殴打孩子，从谈话类电视节目中寻求鼓励，或者在不真实的幻想世界中经历一段亲密或性爱关系等。

极度害羞的人逐渐抛弃了自己的个性，隐姓埋名，最后沦为社会生活中的一个物体。在人群中丢掉自我是避免在危险环境中暴露目标的一种方式，就像老师上课时问了一个大家都不会的问题，学生们都试图让自己不存在一样。但是，一旦一个人变成了物体，那么让别人注意到他的唯一方式或许就是实施暴力和破坏了。比如说，对于孩子们的这句话，你一定不会觉得陌生："如果你不和我玩，我就毁了你的沙雕，到时候你就知道我的厉害了。"

当去路被一堵能使人物化的墙阻挡时，害羞的人有两种选择：变得与那堵墙没有分别，或是坚定信念毁掉那堵墙。由于很多社会、心理、经济等方面的因素，我们所有人都有可能忘记个性的价值，而这也会使我们每个人都成为潜在的暴力分子。

讲到这里，就引出了我们要强调的重点，**那就是必须鼓励孩子表达他们真正的感受，不管是积极的还是消极的。**而且，他们不应该只是与父母沟通，更要努力去与别人沟通自己的感受，即使这种感受一开始会使别人不舒服。没有这种沟通，害羞的人就会被困于痛苦的环境中，无法改变，结果就是有时候会将暴怒发泄到别人身上，让别人成为无辜的牺牲品。那些殴打、虐待孩子的母亲，很多都是寂寞、害羞的人。她们没有朋友、社交活动来发泄自己压抑的情绪，于是家里才会被弄得鸡犬不宁。

当然，我们也要认识到，意外的暴力行为只是部分情况。而那些从不外露自己的攻击性、过度控制情绪的害羞者会怎样呢？只有一条路可走。将攻击性深藏于内心，于是产生无价值感，认为自己能力不足，自我否定，进而抑郁。最终，极端的失落与无力会导致自我毁灭的结局——自杀。

顺从于社会控制：换取默默无闻的安全感

如果在意想不到的凶手作案前一天采访他身边的人，你认为他们会怎样评价此人？我相信他们会说他如何的好，在学校、邻里或工作中都与人相处融洽。在一个集体中，他们是受到最高评价的“好公民”，是最“守纪律”“听指挥”的人。这些害羞者从来不会制造麻烦和混乱。他们在班上不吵不闹，绝不是活跃分子那一类。他们明白自己的位置，安分守己，按照人们的期望生活，严守道德规范。

这一切是建立在顺从社会和政治控制压迫的基础上的。从很大程度上说，父母、老师、亲戚等社会化的代表都在不知不觉中做了帮凶，因为他们教育下一代要服从现有的权力结构。他们是“双重间谍”，一方面宣扬“自由”与“成长”，另一方面又害怕孩子“自由太多”“跑得太远”“没有抓住机遇”“发生危险”等。

在我们的调查中，有几千个害羞者表示，权威人士的社会地位或他们的专业技术会使他们感到害羞。这个调查表明，害羞者惧怕权威。不是尊敬和羡慕，而是惧怕。害羞者不会去挑战他害怕的权威。即使有心反抗，他们也不会明显、公开地做这样的事。他们正如年轻的害羞者卡罗尔·伯纳特所说的那样，“我在学校十分安静，并且是个好学生——按老师的要求做事，尊重权威”。如果察觉有不公正存在，他们就会无声地进行对抗。

那些沉默的孩子长大后会变得更加默默无闻，永远不会给别人带来麻烦。大多数父母不排斥有一个害羞的孩子，而且，相比直言不讳、独立自主的孩子，父母会更喜欢害羞的，因为只有当孩子害羞时，他们才能很放心。所以，“最佳公民奖”要颁给“害羞先生”。这种教育社会成员接受他人统治的模式是很多国家阶级和社会等级制度的例证。

根据埃里希·弗洛姆（Erich Fromm）的名著《逃避自由》（*Escape from Freedom*）所说的，希特勒的集权政府之所以能繁荣一时，是因为当时人们被劝诱要拿自由来换取安全感。自由变成了让人惧怕的东西，它像是一件不错的商品，人们放弃它，把它交给统治者，于是就可以换取一些安全感。独裁者的权力靠放弃自由来换取幻想中安全的人的数量来衡量。自由需要发起和行动，而不是重复和等待，而害羞者不喜欢自由所具备的无组织性和个人责任。他们比较善于被领导，而不是做领导者或敌对者。

通过害羞临床实验，我越来越明确，**害羞的人放弃了追求自由和努力生活的权利**。他们以自我为中心，不去理会别人怎么说、怎么想。他们很少关心别人的眼泪和伤痛，因为只是自己如何生存，就已经在心理上给他们造成足够的困扰了。当一个人愿意隐藏在被动和无闻中安全地生存时，他牺牲的绝不只是自由，还有生命的激情。在这种情况下，盲目服从权威的人很容易成为狂热群众运动的忠实追随者。

我们都想要幸福、富裕的生活，但想达到这个目标就必须追求自由，冲出自我的牢笼，结交新的朋友，邂逅美好的爱情。这些都不是那么轻而易举就能做到的。我们可以通过一些方法来建立自信，也可以学习一些社交技巧，还可以用有效的方法去帮助身边害羞的人们。而这些就是本书第二部分要讲的内容。

本章提要 SHYNESS
WHAT IT IS, WHAT TO DO ABOUT IT

害羞会导致什么社会问题?

（1）性爱交易，通常害羞者不敢面对亲密关系中的亲密接触，而会诉诸用金钱购买性爱；

（2）酗酒，害羞者想要克服无能感，被他人接纳，成为集体的一员，而这常与酗酒联系在一起；

（3）暴力与犯罪，在生活中，害羞者往往会压抑自己的情感和欲望，不善于表达和交流，当压抑达到一定的程度时，就会转化为暴力和犯罪行为；

（4）顺从于社会控制，为了在被动和无闻中安全地生存，害羞者放弃了自由和生活的动力，盲目追随权威，而这使他们容易成为狂热运动的忠实追随者。

SHYNESS

WHAT IT IS, WHAT TO DO ABOUT IT

第二部分 如何克服害羞，有效提升社会适应力

在本书的第二部分，我将介绍最为有效的一些治疗害羞的对策和提高社会适应力的训练方法。当然，这些建议只对那些决心改变自己生活的人有价值。如果你已经厌倦了做一个害羞的人，厌倦了永远跟不上他人的脚步，不想在社会生活中永远做一个配角，或者不想在喜欢的人面前因为害羞而失去了天赐良机，那么，是时候改变这一切了。你需要做出的改变主要包括以下四个方面：

1. 你对自己以及你的害羞的思考方式；
2. 你的行为方式；
3. 与他人思维和行为方式有关的一些问题；
4. 造成害羞的某些社会价值。

想要改变绝非易事，但是，正如伟大的古埃及人一样，即使每次只能搬运一块石头，最终也能完成伟大的埃及金字塔。不要指望有迅速、简单、神奇的治愈方法，更不要奢望使用了“津巴多牌万金油”就可以变成交际能手。其实，你已经拥有了一样最有效的武器，只是你没有尽你所能地经常或有效地使用它，它就是你内心的力量。

想要实现自身的改变或改变他人的看法，首先，你必须坚信改变是有可能的；然后，你得发自内心地想要改变原有的错误行为方式；最后，你必须愿意付出大量的时间与精力，能够承受短期的失败，并且不断进行训练。只有这样，你才能走向成功。

07

第一步：重新认识你自己

SHYNESS

WHAT IT IS, WHAT TO DO ABOUT IT

在全力以赴战胜害羞的征程上，你会遇到一些挫折、失败与焦虑，还会被更多地暴露在聚光灯下，这时你要有耐心。你要明白，失败是不可避免且是暂时的，是取得成功的必经之路！

多年来，我们都和自己生活在一起，以至于大家似乎都觉得非常了解自己。实际上，很少有人能做到真正地了解自己，因为我们并没有花很多时间去问自己到底喜欢什么，也疏于系统地分析自己的价值观、喜好、信仰以及生活方式，我们只是在每天单调地重复着昨天所做的事，并期望着明天、后天仍然如此。

想要克服害羞，提高社会适应力，首要的问题就是了解真正的自己。而在开始自我探索前，你首先要问问自己这些问题。

1. 你树立的是一种什么形象？
2. 这种形象受你控制吗？比如，别人对你的感觉和你想要带给别人的感觉是一样的吗？
3. 你会为生活中的失败负责吗？
4. 遇到好事的时候，你会认为这是运气，还是努力的结果？
5. 有什么东西能让你自愿牺牲自己的生活？

为了进一步准确地审视自己的想法和感觉，你不妨先来做一下这些练习。回忆童年时光、父母以及他人对你的影响；思考生活中什么是重要的，什么是不重要的；探索生活的真谛；最后，确定你过去在哪里，现在在做什么，以及将来要怎样。

这些练习的目的是提高你的自我意识，是做出积极改变的第一步。我们一开始就反复强调，**害羞的核心问题就是过度的自我关注，过分关注负面评价**。所以，本章大部分的练习都是要**增强你的自我意识，尽可能使你对自己的害羞更加警觉和敏感**。就如同学习开车、滑水或者演奏乐器一样，起初你会很痛苦，觉得自己能力不足、协调性欠缺，甚至所做非所想，比如学习停车时变得笨手笨脚，滑水时变得身体不协调，甚至演奏时成了音痴。当然，你可能会在练习中犯很多错误，可能做到的与你理想的表现相距甚远，但你会感受到自己认真的付出！通过反复的练习，你最终会发现，错误和不稳定的行为将会整合为一种稳定和自动化的行为模式。

在全力以赴战胜害羞的征程上，你会遇到一些挫折、失败与焦虑，还会被更多地暴露在聚光灯下，这时你要有耐心。如果明白失败是不可避免但又是暂时的，而且是取得成功的必经之路，你必将从中学到很多，必将更能适应人际交往和社会环境。

这些自我意识的练习很有挑战性，同时也很有乐趣，目的是让你接触内在的自我，同时也对外在的自我有更深的认识。最终，你将更加接纳自己内在的形象，同时让他人更加接纳你外在的形象。

发现真正的自己

SHYNESS 练习 1 | 绘出你自己

WHAT IT IS, WHAT TO DO ABOUT IT ➤➤

这个练习有助于你了解自己。拿出一张纸和一些彩色铅笔，按照你的想法随意给自己画一张画像。可以是抽象的，也可以是具象的，可以是穿着衣服的，也可以是赤裸的，可以是肖像画，也可以是全身画。画完后请给你的作品命名。完成以上内容后，请继续回答下面的问题。

1. 你把整张纸都画满了，还是只画了一部分？

2. 你勾勒的轮廓是清晰的、模糊的，还是不连续的？
3. 你的画中是否有未画出的身体部位？如果有，是哪个部位呢？如果没有这个部位，你的画是否协调？这个部位是不是被掩藏起来了？
4. 画中的你是穿着衣服的，还是赤裸的？这样的设计在现实中可能存在吗？
5. 画的主要颜色是什么？
6. 画中的你是否表现出了一些情绪？如果有，是哪种？
7. 你能否感受到画中没有展示的某种东西？
8. 画中的你是主动型的还是被动型的？
9. 画中的你是单独一人，还是身处某种环境中？

SHYNESS 练习 21 观察镜中人
WHAT IT IS, WHAT TO DO ABOUT IT

这也是一个很好的自我意识练习：花 10 分钟观察镜中的自己。仔细观察你身体的每一个部位，仔细研究。你看到了什么？

1. 你脸上最漂亮的部分是哪里？如果要和一个陌生人在机场或车站见面，你会如何介绍自己？
2. 想象一下第一次遇见你自己会是什么情形。
3. 你给人的第一印象是什么？
4. 怎样能使你给人留下更加正面的印象？
5. 你最不满意自己外貌特征中的哪部分？
6. 尽可能地把你不满意的那部分想象到最丑的程度。
7. 现在，想象着那个形象放声大笑吧，就像在游乐园的哈哈镜前望着镜中扭曲的自己一样。

8. 如果你愿意，可以脱去衣服再次观察自己，仔细且直接地审视一番。

9. 你最满意的是身体的哪个部位？

10. 哪些地方是可以进行改进的？

11. 哪个特征是你认为可以替换的？你想替换成什么？

SHYNESS 练习 31 | 欣赏生活的电影

WHAT IT IS, WHAT TO DO ABOUT IT

这个练习能使你对以往的生活有更深层次的了解。以舒服的姿势躺下，闭上眼睛，想象你在欣赏一部为时一小时的电影，一部关于你生活的电影。

1. 电影发生在哪里？
2. 故事大纲是什么？
3. 主角是谁？
4. 配角是谁？
5. 导演是谁？
6. 观众在欣赏这部电影的时候都在做什么？
7. 故事的转折点是什么？
8. 影片的结尾如何？
9. 故事有什么寓意吗？
10. 电影结束时，观众有什么反应？

SHYNESS 练习 41 | 标注你自己

WHAT IT IS, WHAT TO DO ABOUT IT

写下 10 个最能形容你特征的词或句子。

1. 我是 ______________________________
2. 我是 ______________________________
3. 我是 ______________________________
4. 我是 ______________________________
5. 我是 ______________________________
6. 我是 ______________________________
7. 我是 ______________________________
8. 我是 ______________________________
9. 我是 ______________________________
10. 我是 ______________________________

把这 10 个特征按照由重要到不重要的顺序排列。其中积极的、消极的和中性的特征分别有几个？分类统计一下。

1. ________ 个积极的（例如幸福、智慧、成功）。
2. ________ 个消极的（例如抑郁、肥胖、无能）。
3. ________ 个中性的（例如学生、男性、44 岁）。

在你朋友眼中，你最显著的特征是哪两个？最不重要的呢？和你排列的是一样的吗？让你的朋友也来把它们全部排列一下吧。

SHYNESS 练习5 | 保护隐秘的自我
WHAT IT IS, WHAT TO DO ABOUT IT >>

这个练习会帮助你找到自己独一无二的品质。假设你发现了一个怪博士的邪恶阴谋：他制作了一个和你一模一样的机器人。这个机器人在每个细节上都和你完全一样，但他代表着邪恶势力，而你不想让别人把这个坏人错认为你。

1. 你有什么独特之处是他无法复制的吗？
2. 最了解你的人能区分开你们吗？
3. 有没有什么人知道只有你们俩才知道的秘密，并可以凭此认出你？
4. 如果你表现出某种特点，机器人就会学习模仿得非常完美。面对这种情况，你能否在最后时刻才展示出你个人隐秘的一面来保护自己，证明你才是真正的你，而不是机器人呢？

<<

SHYNESS 练习6 | 回忆情绪转变时刻
WHAT IT IS, WHAT TO DO ABOUT IT >>

当你回忆起自己所经历的痛苦、失落、不幸或者最惨痛的遭遇时，你是否会感到伤心或愤怒？如果感到伤心，你会哭吗？你现在能哭出来吗？如果感到愤怒，你会大喊大叫吗？你现在能叫出来吗？

当你回忆起自己所经历的喜悦、愉快、成功或者最幸福的时刻时，你是否会感到兴奋？如果感到兴奋，你会表现出来吗？还是你觉得这些微不足道，为什么？

<<

探索童年和家庭对你的影响

SHYNESS 练习 7| 生命的起落

WHAT IT IS, WHAT TO DO ABOUT IT ➤➤

我们所有人的生活都被一些人和事影响着，这个练习就是帮你回忆起那些影响你人生的人和事。

◎ 列出你的生命中最美好的 5 件事，并在每件事的后面写出是谁或是什么导致了这件事的发生。

1. ____________________

2. ____________________

3. ____________________

4. ____________________

5. ____________________

◎ 列出你的生命中最糟糕的 5 件事。同样，在每件事的后面写出是谁或是什么导致了这件事的发生。

1. ____________________

2. ____________________

3. ____________________

4. ____________________

5. ____________________

◎ 其中，有几件事是因你而起的?

SHYNESS 练习 8 | 童年时的房子

WHAT IT IS, WHAT TO DO ABOUT IT >>

给你 10 岁之前居住的房子画一幅详细的平面图。想象一下，你走进每一个房间时，看到的家具、物品，闻到的气味，或者回忆起的与这个房间有关的往事。

1. 你最喜欢的房间是哪间？
2. 你的秘密角落在哪里？
3. 有没有不许你进入的房间？为什么？

<<

SHYNESS 练习 9 | 家庭的规则

WHAT IT IS, WHAT TO DO ABOUT IT >>

把你的家庭所提倡的规则、观念、禁忌概括为 10 条戒律，写下来。

1. ________________
2. ________________
3. ________________
4. ________________
5. ________________
6. ________________
7. ________________
8. ________________
9. ________________
10. ________________

有什么笑话或故事是你的家人会反复讲给你听的吗？

我们所经历的许多紧张不安或意义不明的事，也许与童年时接受的相互矛盾的信息有关。你能回忆起父亲与母亲传达给你的相互矛盾的信息吗?

在许多家庭中，人们分别扮演了警察、犯人或典狱长的角色。你的家庭中，这些角色分别是由谁扮演的? 假设现在你组建了自己的家庭，你会是警察还是犯人? 还是你会扮演多种角色?

想象你的理想人生

SHYNESS 练习 101 你对时间的比喻
WHAT IT IS, WHAT TO DO ABOUT IT

每个人多少都会对时间产生过自己不同的思考与想象。有人把时间比喻成沙漏，徐徐落下的细沙是现在，将要落下的是未来，已经落下铺满瓶底的就是过去。写下你自己对时间的比喻或看法，注意要指出过去、现在和将来。

____

____

____

____

____

请你根据以下每个阶段的相对重要性，把下面的时间线分成三部分:（1）对过去的思考，你的出身、童年、往事都是什么样子;（2）活在现在，此时此地的体验、过程和行动是什么;（3）关于未来，你对目标、梦想、结果以及将要发生的事情有什么思考。

____

你现在处于什么位置？请用箭头在上述时间线上标注出来。你的生命已经过去了多少？你未来的时间还有多少？

你认为图 7-1 中最能代表你的生命轨迹的是哪一个？

图 7-1　生命轨迹图

SHYNESS 练习 11 | 分配时间

WHAT IT IS, WHAT TO DO ABOUT IT

你的时间都是如何度过的？首先，考虑一下以下几种情况你都是如何度过的。

1. 你不喜欢却必须做的事，比如：__________
2. 你因为自己想做才去做的事，比如：__________
3. 仪式典礼等，比如：__________
4. 私人约会，比如：__________
5. 不愉快的活动，比如：__________
6. 令人满意的活动，比如：__________
7. 提前做好的计划，比如：__________
8. 空闲时间，比如：__________
9. 其他，比如：__________

然后，把图 7-2 中的两个圆分割成几块，来代表你的时间分配。看看以上几种情况各占多少？

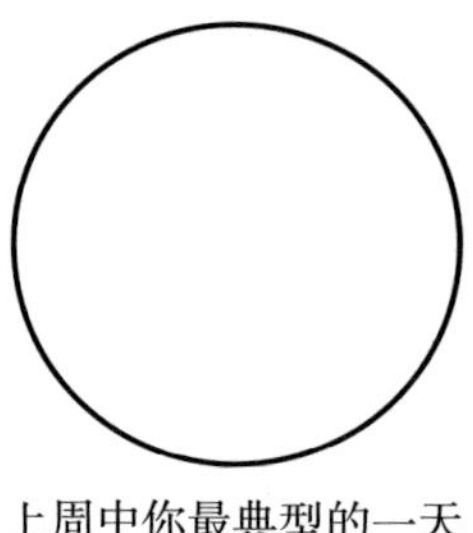

上周中你最典型的一天

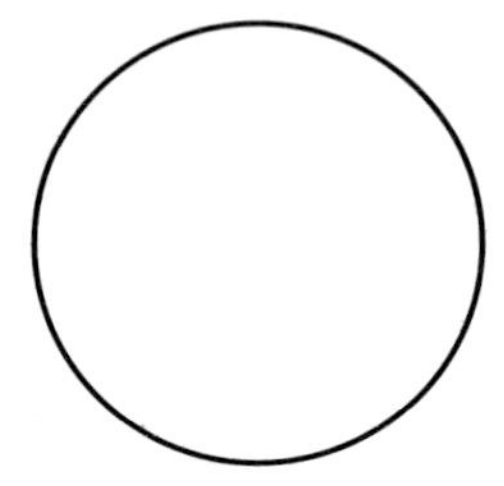

你理想的一天

图 7-2　时间分配图

SHYNESS 练习 12 | 你的计划

WHAT IT IS, WHAT TO DO ABOUT IT

◎ 你已经制订了一个 5 年计划来改变你的生活。现在，大家想知道你明年最主要的 3 个目标是什么，请写下来。

1. ______________________
2. ______________________
3. ______________________

◎ 你现在正在做什么，或者打算如何实现你的每一个目标?

1. ______________________
2. ______________________
3. ______________________

◎ 写下 5 年之前你为自己定下的 5 个计划，或者说，在那个时候你希望自己的生活是什么样的?

1. ______________________
2. ______________________
3. ______________________

4. ____________________

5. ____________________

思考一下，你如何才能从现在的样子变为你想要成为的样子？你为了达到那些目标而要采取的措施是否明确？你要如何做才能让它们更加坚定和明确？

练习13 | 理想生活

1. 如果能投胎变成一种动物，你想做什么？为什么？
2. 如果可以和别人交换住所一个星期，你希望这个人是谁？为什么？
3. 如果一个仙女答应可以满足你任意3个愿望，你的愿望会是什么？

（1）____________________

（2）____________________

（3）____________________

4. 如果可以做一天隐形人，你会怎样利用这种超能力？
5. 如果你有一种能够看穿别人心思和窥探别人秘密的超能力，你会选择对谁使用这种超能力？
6. 如果你有一块神奇飞毯，可以带你去全世界甚至外太空的任何角落，还能穿越时空，你想要去哪里？

规划生命的落幕

SHYNESS 练习 14 | 假如生命只剩一个月
WHAT IT IS, WHAT TO DO ABOUT IT >>

假如你身患绝症，只剩一个月的生命了，但是你拥有花不尽的财产，你会做什么?

1. 你将怎样度过这最后的一个月?
2. 你想去哪里?
3. 你想做什么?
4. 你想和谁在一起?
5. 你想怎样度过你的最后一日?
6. 你将怎样死去?
7. 临终时，谁会在你身边?
8. 你临终时的最后一句话是什么? 你的墓志铭要写些什么?
9. 谁会在葬礼上念悼词? 他会怎么说?

好消息! 你的病消失了! 你还有 10 年、20 年甚至 60 年可以活! 现在，来想想你的余生将如何度过。

<<

SHYNESS 练习 15 | 写一份遗嘱
WHAT IT IS, WHAT TO DO ABOUT IT >>

写下你的遗嘱，说明你的个人财产将如何处理，标明你最值钱的东西是什么。

哪些个人财物你想要留给家人或朋友? 哪些东西你想要把它和你一起埋葬? 哪些是你生前他人所赠? 你没有辜负谁的期望?

<<

给自己写一封信

一个害羞的年轻人曾经尝试过一种非常有效的方法，那就是坐下来给自己写一封信。她说：

> 在表达自己方面，我有了长足的进步。很多时候我喜欢给自己写信，在信里可以表达自己的感情，可以倾诉自己的梦想或憎恨。因为那是给自己的信，所以不必抑制自己的感情。我猜一定会有人觉得我很疯狂，但是只要这样能解决问题，我真的不在乎别人怎么想。有时候我觉得自己真的进步了很多，因为我真的变化很大。我现在觉得很自豪，也充满感激之情。

现在就来给自己写一封信吧，而且，当你觉得需要表达强烈的情感或者阐明某种暧昧不清的关系时，不妨用一下这种方式。

有时，为了满足或者释放，你也可以把自己想说的话录下来，再听一听。这些有关希望、焦虑、成功、失败等的录音，你听到了吗？你传递给自己的是综合信息吗？

本章提要 SHYNESS
WHAT IT IS, WHAT TO DO ABOUT IT

1. 克服害羞，提高社会适应力的第一步：认知重建，增强自我意识，提高对害羞的警觉性和敏感度。
2. 通过本章的练习，希望你能达到以下的目标：

（1）重新认识自己，探索生活的真谛；

（2）回忆童年时光、父母以及他人对你的影响；

（3）思考生活中什么是重要的、什么是不重要的；

（4）确定过去、现在和将来的你分别是什么样子；

（5）接纳自己内在的形象，让他人接纳你外在的形象。

08

第二步：坦然面对你的焦虑

SHYNESS

WHAT IT IS, WHAT TO DO ABOUT IT

要想克服害羞，你需要把自己的害羞置于一个心理学的手术台上，以外科医生那样冷静而超然的态度面对它，并在决定如何做这台手术之前对自己进行仔细的检查。

通过本书的第一部分，你应该已经对害羞有了一定的了解，但是你对自己害羞的程度又知道多少呢？对于生活和工作中的害羞，你的调节能力又如何呢？你的害羞程度如何？出现的频率如何？很强烈吗？当它出现时，你的感觉和想法是怎样的？你的内心感受会外化为哪些行为？以前你会怎样应对这些反应？

在上一章中，我们通过练习让你了解了你自己、你的家庭、你的生活环境以及你将要面对的生活。而这一章，我们要把焦点放在你的害羞上。下面，我会提供一些帮你应对、克服和预防害羞的措施和策略。

当了解了自己的害羞后，你要更加努力地去面对它，通过认识导致你害羞的原因、相关因素和结果，你会取得以下两点收获。

首先，这为制订一个干预、治疗和改变的合理计划提供了素材。其次，通过明确分析害羞的特质与程度，使之客观化，你会开始摆脱它、远离它，社会适应力会得到提高。这样可使你对避免或摆脱内心的痛苦有更透彻的认识。在某种意义上，我希望你能把自己的害羞置于一个心理学的手术台上，以外科医生冷静而超然的态度面对它，并在决定如何做这个手术之前对自己进行仔细的检查。

这种对害羞的初步评估也是为以后的改变画定了一条基线，这样，当你通过做练习来改变自己的行为方式时，你害羞程度的改变也就得以进行评估。

主动投入地做这些练习，完成关于害羞的调查，并写下你的答案，这些都是十分必要的。一个月、六个月、一年后，你可以再回头看看现在的答案，审视一下对自己害羞的看法有无改变。如果能认真地依时间顺序记录自己的害羞情况，你一定会从中获益良多。这也会为你能做出什么改变和将会有什么样的改变奠定基础。

测测你究竟有多害羞

全世界有超过 5 000 人参与了这项斯坦福害羞调查。请快速完成它，然后再更仔细地阅读一遍，看看害羞是如何影响你的生活的。

1. 你觉得自己是一个害羞的人吗?

A　是　　B　不是

2. 如果是，你从过去到现在一直都很害羞吗?

A　是　　B　不是

3. 如果第 1 题你选择了 B，那么在过去的生活中你害羞过吗?

A　有　　B　没有

如果你选择 B，那么你已经完成了此次调查，感谢你的参与。

如果你选择 A，请继续完成后面的问题。

4. 当你感到害羞的时候有多害羞?

A　极其害羞　　B　非常害羞

C　比较害羞　　D　一般害羞

E　有点害羞　　F　轻微害羞

5. 你产生这种害羞感的频率是怎样的?

A 每天　　B 几乎每天

C 经常，差不多两天一次

D 一周一两次

E 偶尔，平均不到一周一次

F 很少，一月一次甚至更少

6. 跟那些与你年龄、性别和背景相同的人相比，你有多害羞?

A 非常害羞　　B 比较害羞

C 一般害羞　　D 不太害羞

E 不害羞

7. 你愿意做一个害羞的人吗?

A 非常不愿意　　B 不愿意

C 无所谓　　D 愿意

E 非常愿意

8. 害羞是或曾经是困扰你的个人问题吗?

A 经常是　　B 有时是

C 偶尔是　　D 很少是

E 从来不是

9. 当你感到害羞的时候，你能掩饰住，并让其他人看不出来吗?

A 是的，通常能够掩饰

B 有时可以，有时不能

C 不，我经常无法掩饰

10. 你觉得自己是内向型还是外向型的人?

A 非常内向　　B 一般内向

C 稍内向　　D 既不内向也不外向

E 稍外向　　F 一般外向

G 非常外向

（11~19）你认为以下哪些是造成你害羞的原因？在所有符合的选项前打钩。

____ 11. 过分关注消极因素

____ 12. 害怕被拒绝

____ 13. 缺乏自信

____ 14. 缺乏某些社交技能，如：____________________

____ 15. 害怕与他人亲密接触

____ 16. 更喜欢独处

____ 17. 喜欢非社交性的兴趣爱好

____ 18. 自身能力不足或有缺陷，如：________________

____ 19. 其他方面，如：______________________________

（20~32）感知你的害羞

以下的人是否认为你是个害羞的人？他们对你害羞的程度是如何评价的？请用下面这个标准来评价第 20~27 题。

A 极其害羞　　B 非常害羞

C 比较害羞　　D 一般害羞

E 有点害羞　　F 轻微害羞

G 不害羞　　H 不知道

I 不确定

____ 20. 你的母亲

____ 21. 你的父亲

____ 22. 你的兄弟姐妹

____ 23. 你的好朋友

____ 24. 你的男女朋友或配偶

____ 25. 你的高中同学

____ 26. 你现在的室友

____ 27. 老师、老板或者了解你的同事

____ 28. 在判断自己是否是个“害羞的人”时，你是基于以下哪种事实?

A　你在所有时间和场合都害羞

B　你在一多半的时间和场合都害羞

C　你只有偶尔会害羞，但这种偶尔发生的情况足以让你判定自己是个害羞的人

29. 人们会把你的害羞误解为另一种特质吗，比如漠不关心、逃避、镇定?

A　会，比如：____________________

B　不会

30. 当一个人时，你会感到害羞吗?

A　会　　B　不会

31. 当一个人时，你会感到局促不安吗?

A　会　　B　不会

32. 如果会的话，请描述一下那是在什么时候，什么情况下，为什么?

____

____

（33~36）是什么导致你害羞?

33. 如果你正在经历着害羞或曾经遭遇过害羞，请指出是由以下哪种情境、活动和人群导致的，在所有适合的选项前边打钩。

使你感到害羞的情境和活动有：

____ 通常的社交场合

____ 大规模群体

____ 小规模、有工作目的的群体，比如学校的科研小组、单位的工作小组

____ 小规模社交型群体，比如聚会、舞会

____ 与一个同性面对面交流

____ 与一个异性面对面交流

____ 在自己脆弱的情境下，比如向别人求助时

____ 在自己处于弱势地位的情境下，比如与上级和权威人士讲话时

____ 在需要自己表达意见的情境下，比如在餐厅投诉糟糕的服务或饭菜的质量时

____ 在很多人面前成为被关注的焦点，比如公开演讲时

____ 在少数人面前成为被关注的焦点，比如当别人介绍你时，或者当被问及自己的观点时

____ 在被评价或被与他人对比时，比如当被采访，或者被批评时

____ 新的社交场合

____ 在可能发生性亲密的情况下

34. 现在，请回到上一题，指出在上个月，以上是否有一项或几项导致了你害羞？

A 上个月没有，以前有　　B 是的，非常强烈

C 是的，较强烈　　D 一般

E　只有一点　　F　从来没有

35. 什么样的人会使你感到害羞?

____ 父母

____ 兄弟姐妹

____ 其他亲戚

____ 朋友

____ 陌生人

____ 外国人

____ 权威人士（因为他们的身份，比如警察、老师、上级）

____ 权威人士（因为他们的内涵，比如智慧的上级和专家）

____ 长辈（比你大很多的人）

____ 儿童（比你小很多的人）

____ 在一个群体中的异性

____ 在一个群体中的同性

____ 一对一情况下的异性

____ 一对一情况下的同性

36. 现在，请再回到上一题，指出在上个月，以上是否有一项或几项导致了你害羞?

A　上个月没有，以前有　B　是的，非常强烈

C　是的，较强烈　D　一般

E　只有一点

（37~40）害羞的反应

37. 你是怎么知道你害羞的，也就是说你的害羞是以哪种方式展示的?

A　内在感受、想法、征兆（个人层面）

B　在某种情境下的外在行为（公共场合）

C　综合以上两点

生理反应

38. 如果你正在经历着害羞或曾经遭遇过害羞，请指出以下哪些是你害羞时的生理反应。在不相关的选项旁标注“0”，其余的选项请根据你反应的频率从频繁到不频繁的顺序依次标注“1”“2”“3”……

____ 脸红

____ 脉搏加速

____ 胃部抽搐

____ 麻刺感

____ 心跳加速

____ 口干舌燥

____ 发抖

____ 出汗

____ 疲劳

____ 其他，如：____

（39~40）想法与感受

39. 请指出以下哪些是你害羞时的想法与感受？在不相关的选项旁标注“0”，其余的选项请根据你反应的频率从频繁到不频繁依次标注“1”“2”“3”……不同的选项可以给予并列的排序。

____ 积极的想法，比如感到自我满足

____ 不明确的想法，比如做白日梦，没有想什么特定的事物

____ 自我意识，比如对自我和自己的每一个行为强烈的自我意识

____ 思维聚焦在情境带来的不愉快感上，比如认为此刻的情况很糟糕，想要逃离这种环境

____ 思想不集中，比如本该将注意力集中在这件事上，却想着另一件事应该会马上结束

____ 有关自己的消极想法，比如感到能力不足、不安全、低人一等、愚蠢

____ 思考别人对自己的评价，比如想知道周围的人都是怎么看自己的

____ 思考自己为人处世的方式，比如想知道自己给别人留下的印象如何，怎么控制这一点

____ 思考害羞，比如思考自己害羞的程度和影响，希望自己不要再害羞

____ 其他，如：____

40. 如果你正在经历着害羞或曾经遭遇过害羞，请指出当你感到害羞时，你会对他人做出哪些明显的行为？在不相关的选项旁标注“0”，其余的选项请根据你所做行为的频率从频繁到不频繁的顺序依次标注“1”“2”“3”……不同的选项可以给予并列的排序。

____ 说话声音小

____ 躲避人群

____ 沉默，不愿说话

____ 说话结巴

____ 语无伦次

____ 目光游移

____ 姿态异常

____ 避免采取行动

____ 逃离所在环境

____ 其他，如：____________________

（41~42）害羞的影响

41. 害羞的消极影响有哪些？在适用于你的选项前打钩。

____ 不，没有消极影响

____ 造成社交问题，使遇见陌生人、交新朋友、享受潜在的快乐体验变得困难重重

____ 带来消极情绪，感到孤单、被孤立、沮丧

____ 造成他人对自己的评价不高，比如由于害羞，自己内在的实力无法展现出来

____ 使保持自信、表达观点、把握机会变得困难

____ 造成他人对自己产生错误的负面评价，比如可能会被误解为不友好、势利或身体虚弱

____ 造成认知和表达上的障碍，抑制了与人交往时思考和交流的能力

____ 造成过分的自我意识，过度关注自我

42. 害羞的积极影响有哪些？在适用于你的选项前打钩。

____ 不，没有积极影响

____ 给人造成谦虚、有魅力的印象，显得稳重、心思细密

____ 有助于避免人际交往中的冲突

____ 有利于藏匿与保护自己

____ 为想要躲在人群后凸显他人，小心而智慧地行动提供了一个契机

____ 避免了他人的负面评价，比如害羞的人不讨厌，没有攻击性，也不会自命不凡

____ 提供了一个选择的机会

____ 增加了个人隐私和由孤单带来的快乐感

____ 由于不会让人反感，也不会威胁和伤害他人，所以在人际关系上会有积极影响

43. 你认为害羞可以克服吗?

A 可以　　B 不可以　　C 不确定

44. 你愿意努力克服它吗?

A 绝对愿意　　B 可能愿意

C 不确定　　D 不愿意

造成你害羞的原因

SHYNESS 练习 11 | 你的害羞是怎么发展的
WHAT IT IS, WHAT TO DO ABOUT IT >>

请你给我写一封信，写下你的害羞是怎样发展的。在你的信中要包括以下内容：

◎ 你记得的第一次感到害羞是什么时候? 描述一下当时的情形，包括有什么人在场，你当时有什么感觉。

1. 通过这次经验，你做了什么决定?
2. 其他人有没有说过什么使你认为自己很害羞? 他们具体说了什么? 通过他们的话，你当时做了什么决定?
3. 现在来看，你觉得其中有误解吗，包括动机、责任或是遗漏的信息等方面? 描述一下真实的情况到底是什么，为什么会被误解。
4. 有没有什么人对你做过些什么使你感觉好了一些，也就是使你没那么

害羞了，或者使你感觉更糟糕了？他们是谁？他们做了什么？

5. 这些年来，你做的那些决定有没有使你获得改变？

◎ 你记得的第二次感到害羞是什么时候？

◎ 回忆你童年时期和少年时期一次害羞的经历，还有近两年感到最害羞的一次。有没有同一件事总是导致你害羞呢？

◎ 有没有人对你说过一些话使你觉得自己是个害羞的人？是什么？

◎ 你会让别人知道你是个害羞的人吗？你会怎样发出信号？你和别人见面多久后会开始交流这方面的信息？

◎ 你有没有做过或者说过什么让别人感到害羞？

SHYNESS 练习 21 害羞的代价与收获

WHAT IT IS, WHAT TO DO ABOUT IT

害羞让你付出了哪些代价？有没有什么机会因为你的害羞而从你身边溜走？列出你失去、放弃和没有得到满足的一个机会或一件事，然后完成表 8-1。

表 8-1　害羞的代价

	发生的时间	重要的事件、行为、机会、失去的人、时间延误、声誉降低等	给个人造成的影响
1			
2			

现在仔细思考一下，过去你的害羞有没有给你带来一些收获。我们要学习找出逆境中的希望，找出可以从害羞中获得什么。平时我们并不注重缺点中的“继发性获益”，但其实很多例子都摆在眼前，比如获得别人的宽恕，更安全地处事，避免不必要的风险，避免争端，和有攻击性的人保持距离，不因别人的生活而影响情绪或牵涉其中等。在表 8-2 中列出你的收获。

表 8-2　害羞的收获

	发生的情境	当时的行为	后来认识到的收获	更长期的影响
1				
2				

SHYNESS 练习 3 | 被拒绝的事
WHAT IT IS, WHAT TO DO ABOUT IT

写下过去发生的一些让你感觉很受伤的被拒绝的事情。然后，写下在哪些方面遭到拒绝你最敏感。在这些方面，会发生的最糟糕的事情是什么？与其他事相比，为什么你觉得这些事更难以忍受？在什么方面遭到拒绝你觉得可以忍受，能够耸耸肩就放下了？这两种情况之间，最基本的不同点在哪里？

试着想象这样一个情景，这些使人很不愉快的拒绝或许并没有那么糟糕，也就是说，它们并非如你表面看到的那样，而是你感知错误，或者是个玩笑，又或者只是人生的一课。写下一个带有一些拒绝情节的故事大纲。

找到你应对害羞的方式

SHYNESS 练习 4 | 如何应对焦虑
WHAT IT IS, WHAT TO DO ABOUT IT

当你感到焦虑时，你会怎么做？

1. 走来走去；

2. 抽一支烟；

3. 甩手；

4. 给朋友打电话；

5. 做一些有意思的事情，例如 ____________________________；

6. 进行慢跑、骑车、修整草坪、打扫房间等体力活动；

7. 喝酒；

8. 服用镇静剂；

9. 吸食毒品；

10. 看电影；

11. 演奏音乐；

12. 向别人诉苦；

13. 暴饮暴食；

14. 头疼；

15. 购物；

16. 转为对自己发怒；

17. 转为对他人的憎恨；

18. 变得不独立和依赖；

19. 写信或记日记；

20. 其他 ____________________________。

以上哪些有用、哪些没用？哪些有助于控制焦虑，但是不能马上解决造成焦虑的内在问题？从长远的角度来看，哪些会使你的情况更加糟糕？

你怎样做才会产生积极的、可持续性的效果？

SHYNESS 练习5 | 考试焦虑
WHAT IT IS, WHAT TO DO ABOUT IT ≫

请想象以下情况毫无预兆地发生在你身上：

1. 你最喜欢的一门主课突然要进行一次考试，而所有的作业你都没有做过；
2. 你突然接到一个电话，告诉你你被选中参加有奖问答的电视节目，奖金为 10 万美元。

在听到消息的那一时刻，你的情绪反应是怎样的？你有什么消极的想法或情绪吗？

这种反应被称为“考试焦虑”，它之所以出现，是因为你感到自己在公开考试中的表现难以达到期望和理想的状态。

现在，仔细体会这种感觉，它与你的社交焦虑有什么共同点和不同点？

≪

SHYNESS 练习6 | 冒险精神
WHAT IT IS, WHAT TO DO ABOUT IT ≫

你可以试试那个 10 万元奖金的挑战——赢了可以拿到全部奖金，输了则什么都拿不到；当然，你也可以选择放弃，这样只能拿到 5 000 元的安慰奖。你会选择接受挑战，还是选择必然会有的 5 000 元？

写下你在生活中遇到的所有重要契机和那些让你铤而走险、孤注一掷的事情。然后，在每一项后面写出这件事在事后被证明是英明的还是愚蠢的。先完成这个练习再进行后面的。

现在去冒个险吧！做一些你想要做却一直被阻止的惊人之举。这一周每天做一件，但首先要写下你想要做的事情，以及为什么它们对你来说是种冒险。然后记录下你是否完成了这件事，你做了之后的结果怎样？当然，我说的惊人之举并不是像抢银行和跳金门大桥这样的事。

SHYNESS 练习 7 | 孤独

WHAT IT IS, WHAT TO DO ABOUT IT

1. 你经常感到孤独吗?
2. 你什么时候最孤独?
3. 你孤独的原因是什么?
4. 你有时会享受这种孤独感吗?
5. 针对这种孤独，有什么事情是你想做却还没有做的?

想象一下整个周末你都窝在家里不出门，不和任何人说话，也没人找你，直到星期一。你独自一人，没有责任，也没有家庭作业占用时间。计划一下，怎样使这个非常情况变成一个快乐而放纵的周末。你储存了上好的食物、红酒、音乐、书籍、棋牌、游戏、热水、纸笔，但是没有电视和收音机。

简单描述一下你怎样规划你的独处生活，采取感性、精妙、随性的方式，确保把孤独转化为乐趣。

所以还在等什么？去享受属于自己的快乐吧。这是你最应该得到的。

以下是希腊哲学家爱比克泰德（Epictetus）关于孤独的观点，记住其中的深意并把它转化为自己的思想。

> 当你关上房间的门与灯，
> 请记住，永远不要说你很孤独。
> 你并不孤独，
> 因为有人与你同在。
>
> ——爱比克泰德，公元 2 世纪

记录你的害羞攻坚战

SHYNESS 练习 8 | 害羞障碍

WHAT IT IS, WHAT TO DO ABOUT IT >>

在你和目标之间总有害羞障碍会妨碍你达成目标。选择一个你最渴望却因为自己树立的害羞障碍而阻挡的目标。在图 8-1 中填写你的目标，以及在完成此目标的道路上面临的每一个障碍。

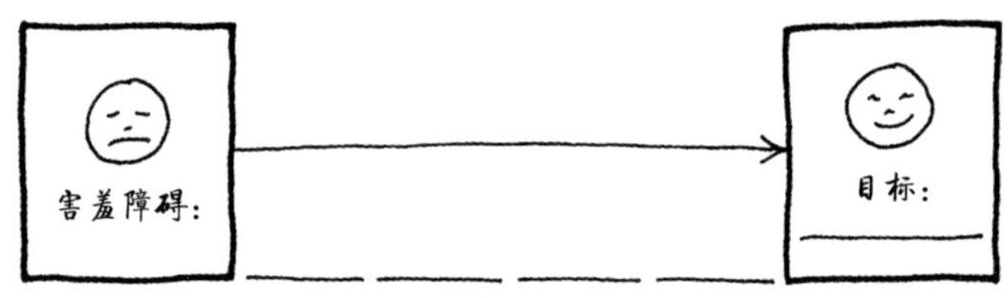

图 8-1　害羞障碍图

正如在一场战役中，总指挥要想克服挡在军队面前的困难就必须制订周密的计划，你能不断克服困难并重新制订计划吗？你能只遭受暂时的损失，而避免更大的损失吗？你能隐藏自己的弱点后再评价自己的实力吗？为你的每一个害羞障碍制订一个“军事计划”吧！

SHYNESS 练习 9 | 害羞日志

WHAT IT IS, WHAT TO DO ABOUT IT >>

制作一个害羞日志，写下以下内容。

1. 时间，要写得足够具体。
2. 情节与背景，即你在哪，正在做什么，和谁在一起。
3. 你的反应和症状，即你的想法和感觉，害羞的体验，是什么造成了这些感觉，其他人在想什么。

4. 对你造成的影响，即你最后做了什么，没做什么，收获或失去了什么，本该怎么做，或本希望怎么做。

随身带一个小本子，以便在害羞时可以随时记下基本信息。像这样做一个星期，然后把这些资料转写成如表 8-3 那样更正式的日志形式。

回顾记载你的害羞事件的段落和主题。每隔一周对当月的日志再做一次新的总结。

表 8-3　害羞日志样本

姓名 ________　　　　　　日期 ________

时间	中午	下午 3 点
情境	• 在宿舍吃午餐。 • 一个陌生人挨着我坐，在自我介绍后，他就开始问我问题。	• 在图书馆完成第一次课堂作业。 • 我听过图书馆介绍，却不记得该怎么做了。 • 必须向图书馆的工作人员寻求帮助。
症状	• 心跳加速，紧张，不确定感，不知道该说什么。 • 开始看着他的眼睛。	• 手心出汗，颤抖。 • 脸红，胃部紧缩。 • 希望能赶快离开。
反应	• 为什么他要和我说话？ • 他想从我身上知道什么？ • 我觉得他有攻击性。 • 他可能觉得我很无聊，但我希望他不要告诉别人。	• 她以后肯定能认出我，我没听她的，所以她一定觉得我很讨厌。 • 为什么我不记得该怎么做的时候会这么紧张？ • 担心下次还是记不住。 • 或许我应该选择另一门课。课程名叫“沉默不语”，作业叫“滑稽可笑”——就和我一样。

续前表

影响	● 没有吃完午饭。 ● 希望我能更有趣点。 ● 他应该是个很好的人。 ● 我感到有些寂寞。	● 决定来杯可乐。 ● 决定试着观察一个有经验的人。但这没有帮助。 ● 尝试在书店买本书来代替，不问工作人员。 ● 为自己的无能担忧。 ● 担心作业不能按时上交。 ● 我耽误了时间，丧失了自尊心，很生气。 ● 向她寻求帮助，她不认识我，满足了我的需要。 ● 好像也不是那么糟糕。

请总结一下你多久经历一次害羞。你害羞的频率、程度、反应、行为与决定都有变化吗？你有没有记下那些你已经可以完全避免的情况？

你一定会感到很惊奇，因为美国著名脱口秀主持人约翰尼·卡森（Johnny Carson）竟然认为自己是个害羞的人。但他没有试图克服或掩饰害羞，而是学习如何让它为己所用的秘诀。“我不打倒它，我利用它，”他在一个采访中说，“我在节目上投入了大量的精力，以此来填补我害羞的缺憾。”当我们评判卡森在他的节目中投入了多少精力时，其实也是他在与我们分享他的活力与秘诀。

本章提要 SHYNESS WHAT IT IS, WHAT TO DO ABOUT IT

1. 克服害羞，提高社会适应力的第二步：了解自己的害羞，认识造成自己害羞的原因。

2. 通过本章的练习，希望你能达到以下的目标：

（1）了解造成你害羞的原因，将其客观化；

（2）对你的害羞程度进行比较精准的评估；

（3）开始摆脱、远离你的害羞。

09

第三步：呵护你的自尊心

SHYNESS

WHAT IT IS, WHAT TO DO ABOUT IT

在生活中，自尊感低的害羞者通常表现得消极、顺从，不太受欢迎。他们往往对负面评价过度敏感，并且会将其归咎于个人能力。

人们对自我的认知深刻地影响着生活的方方面面。自我价值感高的人一般会时刻保持和流露着自信，这是内在的自我满意度的外在显示。这样的人不需要别人的肯定和褒奖，因为他们已经成为自己最好的朋友，是自己最忠实的拥护者，他们是社会这个大机器的创造者、参与者、推动者。不论那些害羞者是否会被社会遗忘，他们始终都是人们关注的焦点。

低自尊者：自己最大的敌人

我认识的那些自尊感高的人不会因为被批评或被拒绝而感到崩溃。他们会感谢对方的“建设性意见”。当有人对他们说“不”的时候，他们不会把这当作一种拒绝。相反，他们会这样认为：自己的高效行动，方式又快又好，过程精妙而复杂，可能别人并不能理解；也许是时间和场合不太合适；或许那些说“不”的人也需要咨询与帮助。在某些情况下，被拒绝的原因并不在他们自己身上，但他们通常会重新评估和制订计划使自己的表现日渐完美，所以他们多是乐天派。在多数情况下，他们会比他人更有可能获得自己想要的一切。

相比而言，那些自尊感较低的人更像是追星族。**他们可能更加消极、顺从，在人群中不那么受欢迎。他们往往对负面评价过度敏感，并且会将其归咎于个人能力。**即使受到赞美，他们也感觉不是很自然。比如，他们会说“你不需要表扬我”“哦，真的没有用”“这没什么”“不是什么大事”“你说这些只是想让我高兴而已”。这些人的目光始终在那些不愉快的事情上，而且整天活在消极的自我当中。这使我们更容易理解研究人员的结论：**自尊感低的人比自尊感高的人更容易患精神疾病。**

在博士答辩前 5 分钟，我的学生加比忽然歇斯底里地告诉我，他没有准备好，一定会出尽洋相，他无法继续参加答辩。因为我费了很大力气才找到 5 名有时间听加比答辩的教授，而且我了解他的才华，所以我耐心地鼓励他，告诉他一定能够通过答辩。确实，最后他以出色的表现通过了答辩。但当我向加比转达教授们对他的赞赏时，他这样评价答辩组的著名教授：“如果他们觉得这么糟糕的表现也有可取之处的话，那我真该对他们重新评判了。”

加比的案例传达了一个很重要的信息：客观而积极的反馈对改善低自尊者的消极认知来说效果很差，他们仍会保留低自尊的自我认知。当自尊感过低的时候，即使是聪明绝顶的人，也会成为自己最大的敌人。

你比任何人都更了解自己，如果你自己都不看重自己，为什么别人要看重你呢？如果我们坚持认为对方是个有趣且值得交往的人，害羞者往往要证明我们是错的，认为自己根本就不值得交往。在我的害羞研讨会和诊所里，我见过很多这样极度害羞的学生和病人。比如说莎朗，她是一个害羞已达病态的年轻女性，总是用乱蓬蓬的头发遮住漂亮的脸庞，并且讨厌别人让她把头发梳到后面。在第 10 次会谈后，通过对她面部的特写镜头，我才发现原来她长得很美。在如此近距离的治疗关系中，她竟然可以把自己的美丽隐藏得如此成功。她拒绝改变发型，拒绝让别人看到她的美丽的建议。她说：“够了！我的头发就是这样！我一辈子都这么梳！”

害羞和低自尊总是相伴相生。我们害羞课题组的保罗·皮尔康尼斯（Paul Pilkonis）及相关研究者发现了二者之间的联系：**害羞严重时，人往往自尊感很低；自尊感很高时，人往往就不会感到害羞。**

理性地与他人进行比较

自尊是个体在与他人比较的基础上做出的一种自我评价。在进行比较的时候，需要注意以下五个方面的问题。

第一，要仔细挑选比较对象。虽然可以把他人当作模范，但那并非唯一标准。有些人并不是适合的比较人选，尤其是在外貌或智慧等方面。比如说，我想要影星罗伯特·雷德福的长相、科学家爱因斯坦的大脑、影星理查德·伯顿的谈吐和作家艾萨克·阿西莫夫的文笔。这些是我努力的方向，但不应该是衡量自身成功、地位、成就的标准。

第二，如果一味与别人做不恰当的比较，可能会产生挫败感，甚至嫉妒心理。在追逐模仿中，我们一心向上爬，反而失去了享受当下生活的乐趣。一定要记住，它不过是你追求的一个目标，不要因为它忽视了生活。

有一段时间，我意识到自己正渐渐远离生活，忘记了享受过程与乐趣，因为我已经逐渐习惯了高度竞争与目的性很强的生活。有一天，在从旧金山的家到斯坦福大学的路上，我载了一个搭便车的旅行者。他是一个英俊潇洒、精力充沛、20 出头的年轻男性。我们谈天说地，聊大学，聊露营，还聊他美好的假期。当我问他打算去哪儿时，他说："南方。"我问："洛杉矶吗？""不。""墨西哥？还是更往南？""哦，不，先生，就是……南方。"

我觉察到自己的声音中夹杂着一丝怒气。明明我们刚刚还聊得很愉快，怎么这个讨厌的嬉皮士竟然不想告诉我他要去哪儿？下高速的时候，我又问了他一遍，我的好奇心和不悦感都随之增加，"说吧，你想去哪个城市？"他的回答勾起了我对似水年华的追忆，那时候我绝不会像现在这么刻意。

他说："我没有什么特定的地方要去。我还有两周的时间，就一直向南走。只要钱够用，走到哪儿算哪儿，钱花完了就回去。我并不刻意要到某个地方，说不定就到这儿了呢！"他不会因为没有达到目标而灰心失望，他享受行走在路上的乐趣，因为他的满足感并不与未来的某种目的相联系，他追求的是过程中的快乐。

第三，我们可能没有意识到成功背后鲜为人知的代价。比如部门的销售员为生计奔波，没时间和孩子一同共度家庭美好时光，他永远没机会和孩子好好亲热一下；又比如我们喜欢的偶像明星，可能永远没有时间去品味一本好书，或者享受一下自然美景，又或者做一些不那么前卫的事。当了解成功者付出的代价时，你可能就不会那么渴望成功了。

第四，成功、成就、智慧、美貌，还有绝大部分受人追捧的目标，都是特定社会环境与情境中的产物。但是，我们常常把别人有而自己没有的东西看得过于绝对。当标准改变时，我们便无所适从。当我们能够看到所有标准的相对性时，自身就已经发生改变了。这个现象就好比把小池塘中的大鱼移到大海中一样。

例如，小镇上夏季巡演的演员无法登上百老汇的舞台；高中球队的中锋不能报名大学球队，因为只有 90 千克的他可能没有足够强壮的肌肉；还有那些入围“美国小姐”却没有获奖的姑娘，在她们的人生中，从幼儿园开始她们就一直是最漂亮的女孩，却突然要面对连前十名都进不去的结局。

作为一名教师，每年我都会见证残酷的竞争给学生的自信心带来的挫伤。能进入斯坦福大学，学生们必然是非常优秀的。但是，在入学几个月后，有一半的新生会发现自己的考试成绩连平均水平也达不到。他们并没有变愚钝，只是成了统计学上平均数和记分排名考试的牺牲品，因为在学校，总有一半人的表现在平均水平以上，另一半人则必然在平均水平以下。在这里，他们必须和满满一池“非常优秀”的鱼儿竞争。

第五，我们必须认识到，别人的生活与你无关。如果一直活在别人导演的剧本中，你就永远不可能了解真正的自己，也不能成为自己生活的主角。认识到这一点后，你必须直面这些不适合的剧本，鼓起勇气修改或拒绝它，使它满足自己的需要和价值观。

起初，我们通常不会认识到这些剧本是怎样进入自己的大脑的。有时文化和价值观会渗透在这些剧本中，比如男人不能哭，女人不能动怒，男孩要坚强有男子气概，女孩要温柔有教养。当我们还是小孩子的时候，父母、老师还有其他权威人士就为我们设计好了人生剧本。大部分剧本是很好的，所以我们也乐于接受，把它们当作自己的。但是，在父母传递给我们的剧本中，也存在很多悬念甚至危险。

比如说，一个没有得到过爱的女人可能会在给女儿的剧本中写着“男人不懂欣赏女人”。有的父亲希望儿子能完成自己未完成的事业。我曾经就遇到过这样一位父亲，他威胁我说要让我失业，因为他的儿子马克·大卫听了我的建议去尼日利亚当了一名教师。“他应该成为一名医生的，至少是牙医，”这位父亲暴跳如雷，“我给他起名为马克·大卫（Mark David），就是想让他当医学博士（M.D.），让他成为一名好医生。”这位爱孩子的父亲并不关心儿子真正想做什么，大卫讨厌学医，他就是想成为一名援助非洲的教师。从某种程度上说，马克医学成绩这么差可能就是对父亲无声的反抗，而我们生活中其实存在着很多这样默默反抗的人。

作为一个有着完整自我意识的个体，人们会越来越重视自己的人生剧本，积极参与到生活剧本的写作中来，从而主宰自己的人生。这些剧本像新一季的电视剧一样新颖、刺激、推陈出新。作为一个害羞的人，在人生落幕之前你还有多少时间留给自己，这完全由你自己决定。

自我肯定练习

人生只有一次，抬头挺胸地迎接每一天吧！这是你的选择，是现在而不是到了天堂才做出的决定。如果你是害羞的人，你可能会给自己贴上自我否定的大标签（参见图 9-1）。但是，除非这个标签是用花岗岩雕刻的，否则就让我们一起来砸烂它吧！想想自己值得肯定的地方，完成一个有意义的目标，也许它需要抱负、勤奋和锲而不舍。然后，试着用真诚而客观的视角来评价自己的成绩。

图 9-1　自我否定的标签

多萝西·赫勒博（Dorothy Holob）是个十分有活力的女人，她是加利福尼亚州一个专题研究小组的教师，专门帮助学生和商人建立自信。充沛的精力和极具感染力的热情令她魅力四射。只要和她在一起，你就会感觉非常好。与她的社会影响力形成强烈对比的是，她说话结巴，并且脸部畸形，而这种形象通常会使我们感觉很不舒服。假设你处在她那种情况，你会放弃吗？你能面对这个她曾经面对的残酷现实吗？你能摆脱这种自卑感而更好地生活吗？赫勒博告诉了我们，她的脸是怎么受伤的，她又是怎样克服自我厌恶和沮丧抑郁的情绪的。

1963 年，我因为脑瘤做了一个大手术。之后我的脸就发生了变化，落下了残疾。说话的时候，我听不清自己的声音了，走路也摇摇晃晃的。当时我只觉得这个样子是永远不可能被社会接纳了，于是不停地想一个问题："为什么这些事会发生在我身上？"

我并没有从家人那里获得同情，相反，他们的态度激起了我严重的逆反心理。他们告诉我，如果我想在这个家待下去，就必须练习好好说话，否则就卷铺盖走人。因为这个，我哭了好久，最后我决定要好好做给他们瞧瞧。随后我便从发音开始练习，通过自己的努力告诉家人："我是绝对不会认输的！"

因为总待在家里，家人劝我出去走走，比如陪他们去购物中心，去外面吃饭，或是听音乐会。其实他们很温柔，也很细心，他们会带我躲开路边的石头，会领着我乘扶梯、过马路，还会带我穿过人们异样的目光。他们鼓励我要脚踏实地地独立面对这个世界。我也想迈过这个坎儿，但我忍受不了小孩的愚弄与邻居的嘲笑。当我自己去商店的时候，店员会鄙夷地瞟我一眼，把零钱扔给我。有时候，一些古怪的人还会打电话辱骂我。我是怎样面对这些讥讽与嘲弄的？通常，我会回家大哭一场，有时还会自嘲一下。没过几个月，我就变成了一个孤僻的人。

有一天，我脑海中突然出现这样一个想法："为什么我要浪费时间去埋怨自己的不幸，我没有时间做这些，因为我无法左右人们对我的认识——一个被抛弃的丑八怪。"所以我开始试着忘记自己的外貌，开始意识到无法与别人沟通的人是很可悲的。我观察街上、商店里或公车上那些安静而忧伤的人。我和他们交谈，一起度过美好的一天，分享鸟儿的歌唱或是一场雷阵雨，甚至是生活中发生的任何小事。突然，我发现每一天都是美好的，我又开始笑了，就像医生说的那样：我可以做到！我找到了另一种方

> 式去感受快乐。我把自己的热情投入声音里，甚至开发出了幽默的潜能。

从这个故事中，我们可以学到很多有价值的东西。赫勒博战胜的不仅是生理上的残缺，还有严重的心理创伤——一种会使人失去希望的毫无价值感的自我厌恶。

这一章的练习可以帮助你克服低自尊感的问题，建立更强的自信心。所以，希望你努力去做每一个练习，它们都可以帮助你建立更加积极的自我印象。以下 15 个步骤也许会为你提供一个可参考的自信训练模板：

1. 写下你的优点和缺点，并根据你的优缺点设定目标。
2. 找出你的价值观和信仰是什么，你想要怎样的生活。整理你心灵图书馆的藏书，并按日期编目列出清单。找出与你所处心境一致的朋友，他们会帮助你聆听内心的声音，找到自己的方向。
3. 回顾你的过去，找到是什么让你一直坚持走到今天；尝试理解和宽容曾经伤害过你或不帮助你的人；原谅自己的错误、过失、失败和窘困。分析过去不堪回首的记忆中值得借鉴的经验，之后，你可以将它们永远尘封起来。你可以把过去那些痛苦的记忆当作一个房客，现在就给他下逐客令吧！把房间腾给那些为你带来成功经验的记忆，哪怕只是一点小小的成功经验也没问题。
4. 自责与害羞令你无法体现自我价值，它们会限制你将积极目标付诸实践，并使你沉溺于自己的害羞中。
5. 不要总从自己的人格特质上找原因，尝试找出那些影响你自尊心的因素，即影响你行为的心理、社会、经济和政治因素。
6. 时刻提醒自己每件事都有相对性。“事实”从来就不是唯一的，因为每个人站的角度不同，看见的事实也不同。明确这一点，你就会更加宽容地理解别人的想法，也能更宽容地对待别人对你的拒绝和贬低。
7. 永远不要说自己不好，特别是不要把一些无法撤销的负面评价强加于自己，比如“笨蛋”“丑八怪”“缺乏创造性”“失败者”“无可救药”等。

8. 别人可以对你进行评价，但不能践踏你的人格，当然，若别人提出了对你有帮助的建设性意见，也应当接受。
9. 请记住，有时候失败与失望是祸中之福，它告诉你这个目标也许并不适合你，你的努力是不值得的，这样你就可以及时调整目标以避免更大的损失。
10. 不必费心容忍那些让你很不舒服的人、工作或环境。如果你不能改变它们，你可以置之不理，让它们随风而去。毕竟生命太短暂，没必要把时间浪费在烦心事上。
11. 给自己点时间休整放松、思考沉淀、倾听自我、享受孤独。通过这些方法，你可以与自己走得更近。
12. 尝试去做个善于社交的人。享受别人传递给你的能量，感受自己独特的品质。感受兄弟姐妹之间的差异。想象一下，他们的恐惧与不安全感来自什么，你可以怎样帮助他们。还有，你从他们身上可以得到什么，他们可以给予你什么。然后，让他们知道，你已经做好准备对他们敞开心扉了。
13. 停止过度的自我保护，即使现实比你想象的还要更艰难和残酷。现实或许会伤害你，但不会击垮你。有时候你会因为感情上的承诺没有得到兑现而受伤，但是这比自己变得麻木不仁、冷酷无情好得多。
14. 制订人生的长期规划，还有短期的非常具体的小目标。更加现实地去完成这些小目标。经常评价一下你的成绩与进步，成为第一个肯定你或赞扬你的人！如果没有人会听到你对自己的赞赏，那就更用不着谦虚了。
15. 你不是倒霉蛋，也不是一个无足轻重的人。你是人类进化了百万年之后才有的精灵，是你父母的梦想，是上帝的杰作！你是独一无二的，是你人生这出戏的主角，你使很多事情成为可能。你随时可以让你的人生发生改变！自信些，那些障碍只是你完成理想的一些小小的挑战。害羞意味着退缩，因为当你真正全神贯注地投入生活后便会忘掉自己，而不是整天担心和准备着到底该如何度过你的人生。

SHYNESS 练习 1 | 建立自信
WHAT IT IS, WHAT TO DO ABOUT IT >>

当成功完成艰巨的任务时，你的自信心便建立起来了。以小的目标为开端，然后逐步实现那些更大的目标。

首先要明确的是，你想要完成的是什么。列出你在一个月内最想完成的三个目标，而且必须是具体可行的。比如，你想当波士顿最优秀的舞者就不是一个可执行的目标，但在一个舞会上和两个人交谈就是可执行的目标。

选择其中一个目标，把它分成几部分。首先要做什么？然后要做什么？制作一个图表，每完成一件就做一个标记。或者为你目标的第一部分制订一个计划。比如，你想在全班人面前宣布你的目标，那就想清楚具体打算怎么说，写下来并照着去做。完成目标的第一部分之后，先给自己一个小小的奖励，可以是一个称赞、一场电影、一杯咖啡、一本小说或杂志，只要是你喜欢的，什么方式都可以。

然后，开始如法炮制第二部分。直到完成整个目标，你就可以尽情享受成功的喜悦之情，大声告诉自己你做得有多棒。

之后再进行第二个目标，还是把它分成几部分，逐步实施。这样一来，你可以把生活中的每一件事都分成几部分，然后一步一步地实现它。当然，你还可以使用第 10 章中的关于“发展社交技能”的练习来帮助自己达成目标。

<<

SHYNESS 练习 2 | 阻止低落的情绪
WHAT IT IS, WHAT TO DO ABOUT IT >>

用图表记录使自己处于消极情绪的导火索，坚持两周，看看有什么反复出现的原因使你一直处于情绪低落的状态。

仔细感受你的消极情绪。每当你又开始情绪低落的时候，就对自己说“停”。坚持这样做，直到可以控制自己的情绪为止。

做一个图表，记录每天有多少次可以自己控制消极的想法。成功控制后便立即奖励自己。

SHYNESS 练习 3 | 利用反向的力量

WHAT IT IS, WHAT TO DO ABOUT IT

做一个类似于表 9-1 的图表，列出你的所有缺点，写在左边一列。然后，在右边相对应的位置写出当缺点变成优点的状况。

表 9-1　优缺点样本

缺点	优点
认识我的人都不喜欢我。	每个认识我的人都喜欢我。
我身上没有一点吸引人的地方。	我有很多吸引人的特质。

你应该详细记述右列的具体情况，举一些例子，然后开始思考：如果按照右列来做，取代左列，生活会是什么样子。

SHYNESS 练习 4 | 用其他词语替代害羞

WHAT IT IS, WHAT TO DO ABOUT IT

很多时候我们并不怎么害羞，但仍然认为或者声称自己是害羞的人。

不要再这样认为和称呼自己了，在具体的情况下，你可以用一些更具体的词来形容自己。比如，“当和人们交谈的时候我会紧张”“聚会让我很不自在，有想逃离的感觉”“和公司老总在一起的时候我会焦躁不安”，或者更具体的，“当有女警官搜查我的时候，我会心跳加速，紧张到发抖”。

列一个单子，写下你能想到的所有具体情况。然后，计划一下怎样能控制和改变你的这些反应。如果和女孩交谈时会双手发抖，那你可以双手紧扣在一起，或者把手放在腿上，或者揣在口袋里。

SHYNESS 练习 5 | 对话让你害羞的人

WHAT IT IS, WHAT TO DO ABOUT IT >>

列一个单子，写下所有让你感到害羞或者拒绝过你的人。然后搬两把椅子，相对摆放。坐在第一把椅子上，想象一下对面那把椅子上坐的是你单子上列出的第一个人。

和他交谈，可以冲他吼，可以责骂他为什么要使你这么害羞。然后你换到对面的椅子上，把自己当成那个令你害羞的人，对你的问题做出回答；再坐回第一把椅子，告诉他是什么原因让你与他在一起时感到害羞；再换到对面的椅子上，假装自己是那个人来回答问题。

SHYNESS 练习 6 | 想象你不害羞的情景

WHAT IT IS, WHAT TO DO ABOUT IT >>

放松，闭上眼睛。想象一个总是让你害羞的人或情景。进入这个情景中，具体到每句话、每个动作。

现在，想象一下在这种环境下如果你不害羞的话，你会做些什么。你会怎么做？怎么说？会发生什么？

每天如此思考，坚持一个星期。

下次遇到这种情况，如果你再害羞，就想想自己所设想的，照着去做。

SHYNESS 练习 7 | 学会赞美和接受赞美

WHAT IT IS, WHAT TO DO ABOUT IT

找一个你信任的朋友一起完成这个练习。你们俩都分别写下喜欢对方的哪些特质？列出 10 条，然后轮流告诉对方你为什么喜欢他这一点。

当朋友称赞你的时候感觉如何？学着接受那些赞美之词，你可以用“谢谢”作为回应，然后好好地沉浸在这些赞美之词营造出的积极感受中。

学着直截了当地赞美你的朋友。在每天的日常生活中，哪怕只是因为很小很平常的事情，你也可以这样做。

SHYNESS 练习 8 | 收集特长

WHAT IT IS, WHAT TO DO ABOUT IT

我们每个人至少都有一件事比别人干得好。它有可能是煎火腿或做芝士蛋卷，有可能是在写作方面有天赋，也有可能是擅长讲笑话，哪怕只是当一个好的倾听者，或者是能把皮鞋擦得很亮，都值得骄傲和自豪。你最擅长的是什么？尽可能罗列出来吧。

找一些杂志和报纸，找出那些能够说明你特长的标题、照片或漫画等，并把它们收集成册。

把你整理好的特长册子放在一个显眼的位置，以便你和别人都能看到它。

SHYNESS 练习 9 | 角色模拟
WHAT IT IS, WHAT TO DO ABOUT IT >>

想一个你非常羡慕的人。他可以是你的朋友、亲戚，也可以是一个电影明星、英雄，或者是小说里虚构的人物。想象一下他会在什么情况下害羞。在这些情况下，他会怎么做？怎么说？你会怎么帮助他？他的特长是什么？

请写下来：

____

____

____

如果你有这些特长，结果会怎样？拥有这些特长会对你感到的害羞产生影响吗？闭上眼睛想象一下：在很多情境下，你不再害羞会是什么样的状态，会有什么感觉。

<<

SHYNESS 练习 10 | 记录好心情
WHAT IT IS, WHAT TO DO ABOUT IT >>

随身携带一个小本子，粗略记下每一个让你感到愉快的经历，坚持两周。记下两周中你不再害羞的经历。

做一个表，显示出每天心情愉悦的次数，然后对照表格回答以下问题。

1. 有几次是由于别人的原因？

2. 有几次是因为自己？

3. 有几次是在自己独自一人的情况下？

4. 怎样能使你表格里快乐的次数增多？

从现在开始，当你感到快乐时，就这样记录下来，真正地投入进去，享受它。

SHYNESS 练习 11 | 做个行家
WHAT IT IS, WHAT TO DO ABOUT IT

发展一项特长，或者成为某方面的专家，至少是拥有某种别人能够享受、受益、助兴或者了解的特质，这样在一些公共场合你就可以与其他人一起交谈。例如，你可以学习弹吉他、吹口琴、弹钢琴，或者演奏其他乐器，这些在聚会上都是很受欢迎的节目。你也可以学习讲笑话和变魔术。另外，跳舞很好学而且能给你加很多分，特别是那些在音乐刚响起时就表现很积极的男士会格外受欢迎。

花点时间关心时事，特别是全球的重大事件，比如人口过剩、生态问题与经济发展的矛盾等。多读好书，比如小说或畅销类书籍，这样就可以增加和别人交流的机会。

放松自己

当大脑被紧张、疲惫以及无法抑制的焦虑充斥的时候，你就很难再专注于那些对你而言新鲜且积极的自我信息。

想要敞开心灵去挖掘自身的潜力，驱除那些不必要的消极情绪，首先要让全身都彻底放松下来。

1. 用 15～20 分钟的时间来做这个练习。

2. 找一个可以使你不受干扰的安静的地方。
3. 找一个舒服的姿势。比如坐在椅子上，或者躺在躺椅、床、地板上，最好脖子下垫个枕头。
4. 松开或去除紧绷的衣物和饰物，比如摘掉隐形眼镜。
5. 在放松前要先加强肌肉的紧张感。首先，做以下 7 个练习，每次做一个。
    - 握紧双拳……再紧一些……更紧一些……放松。
    - 用力按压胃部，使之贴到背部……坚持住……放松。
    - 咬紧牙关，闭紧上腭……再紧一些……更紧一些……放松。
    - 紧紧地闭上眼睛，把眼皮往下按……放松。
    - 把头部和颈部夹在两肩中……低一点……再低一点……放松。
    - 憋气……尽你所能……呼气放松。
    - 伸展你的四肢……绷紧……再紧一些……放松。

    现在试着同时完成以上所有动作。
6. 放松，感受一股暖流走向全身，依次放松每一个部位，直至从头到脚每一块肌肉都能感觉到放松，特别是放松眼部、前额、嘴、颈、背的紧张。让外部的紧张换来内心的松弛，让这股放松的气流化解肌肉的紧张。
7. 睁开眼睛。把你的大拇指放在眼前几寸处，全神贯注地盯住指甲。你的手开始慢慢地晃动，眼皮也越来越沉，呼吸也越来越沉，你的身体将进入更深层次的放松状态。闭上眼睛，手落下来放在旁边。
8. 深呼吸，自己心里默念：1 次呼吸，2 次呼吸……一直数到 10（进入更深层次的放松）。
9. 现在想象你在一种自己所能达到的最放松的状态。去看，去听，去闻，去触摸，去感受，无论你怎么想象都可以。比如，在阳光明媚的夏日在木筏上漂流，泡在温热的浴缸中，漫步在新雨后的林荫小路上。
10. 现在你的身心要做好准备面对这样的一天。为即将到来的某个重要事件做好准备，想象自己是这件事中很有实力的参与者。你不再焦虑、紧张和害羞，你很享受，你可以掌控！这些信息是可以由你传达给自己的，你会发现你可以告诉自己更具体的信息，在原本很焦虑的情况下你也能好好准备。

11. 享受这个身心都很放松的时刻吧。
12. 在倒数 10 个数结束这个放松练习前，还有几件事要做。现在的感觉好吗？在这个过程中，你在思想、感觉、行动上都收获了什么？清楚地告诉自己这些感受，并保持这种积极的情绪。当天晚上你可能会睡个好觉，或者你将会有所改变，变得精神焕发，并为锻炼自己的社交技能做好一切准备。

现在你的自我满意度在逐步提高。多加练习，那么你对放松反应的控制力会越来越充分和轻松。

本章提要 SHYNESS
WHAT IT IS, WHAT TO DO ABOUT IT

1. 克服害羞，提高社会适应力的第三步：自我肯定，呵护你的自尊心，提高自我价值感。
2. 高自尊者是自己忠实的拥护者，而低自尊者则是自己最大的敌人。
3. 害羞和低自尊的关系：害羞严重时自尊感低，自尊感高时就不会产生害羞。
4. 通过本章的练习，希望你能克服低自尊感的问题，建立更强的自信心。

10

第四步：提高你的社交技能

SHYNESS

WHAT IT IS, WHAT TO DO ABOUT IT

当生命中的困难来敲门时，除非你想成为命运的奴隶，否则就一定会选择成为可以掌控生活的人，所以，请认真练习，努力攻克害羞这个障碍。

通过对害羞者世界的探索，我们已经了解到，害羞者既逃避建立新的社会关系，也不能顺利地进行人际交往，具有很低的社会适应力。事实上，出于多种原因，大多数人没有正式学习过有关社会交往的技能。人们不知道如何与人见面，不能在团体中表达自己的想法，对参加聚会感到紧张……

如果你对开展社交活动感到有些为难，我们可以通过可操作性的行为训练，快速提高你的社交技能。在这一章，重点是教给大家行为改变的具体方法与策略。通过自我行为的改变，在社交生活中获得积极的反馈，你会学会如何获得人际交往的回馈。本章还将教你怎样开始与人接触，如何在重要的人面前表现自如且充满魅力。

本章给出的很多建议都是建立在自我肯定训练之上的。可能有些建议大家已经熟知，它们多数源于欧美畅销书，比如《如何赢得朋友及影响他人》（*How To Win Friends And Influence People*）；还有一些则来自行为改变的原则与理论的研究成果，即两个不同的人在某一时刻、某一地点相遇与交往的过程、方法和策略。

当谈到这些可以帮助害羞者变得更加自信时，我总会听到一些人说他们已经够积极的了。事实上，成为一个自我肯定的人既不是自私、好出风头，也不是固执己见。自我肯定的人能够表达内心的需要并分享自己的想法，也会关注他人的需求，并且有勇气去选择与他们的价值观和生活环境相和谐的生活方式。或许你会认为他们的成功是因为那些熟得不能再熟、练了一遍又一遍的“黄金规则”，而且生活在民主的环境中。但我们要让大家相信，当生命中的困难来敲门时，除非你想成为命运的奴隶，否则就一定会选择成为可以掌控生活的人。在调查中这样的事例随处可见，我认为，相当一部分自我肯定的人已经证实了自我肯定对害羞者发挥的良好作用。

重视行动的力量

在所有训练中，让人们变得更加自信的基本原则就是行动。**不采取行动是害羞者最常见的人格特质。**“做还是不做”是害羞者需要解决的一个重要问题。莎士比亚戏剧中的哈姆雷特终其一生都在不停地问自己“做还是不做”，当他最终做了本应该早点去做的事情时，他的生命却要结束了。

人们并不是总有行动的力量，因为焦虑、厌倦和因消极情绪而产生的疲惫感都会给人带来压力，但是你要明确，你需要的是行动。你会发现，在做想做的事情时，你体内巨大的行动潜力将会被激发出来，你将会获得因行动带来的回报（参见图 10-1）。

图 10-1　行动第一

“你好”“在这儿呢”“最近怎么样”“很高兴见到你”“你去哪儿了”“很高兴你这么说”“周末愉快”，或者是一个点头致意、一个微笑、一次挥手、一次眼神的交流，这些细小的举动都将会让你开始新的旅程。想要再进一步，你就需要投入更多的精力，并需要再增加一些技能。

先设定一个只要做一点点努力就能达到的小目标，从害羞障碍最少、给你威胁感最小的人群和环境开始练习。你会发现，按照事先准备好的剧本练习非常有用。再往后，当怯场已经不是问题时，你可以试着主动做一些即兴表演。模拟情景训练会帮助你达到更好的效果。设想一下你将要面对的情景，在脑海中预演一遍，在镜子前一遍一遍地练习出场的步伐、走路的姿势甚至每一个动作，直到你满意为止。

别人能听清你所说的话吗？如果不能，那就再大声点，同时运用合适的语调和说话方式，比如命令的、感兴趣的、关心的、沮丧的、生气的或温柔的。我们的害羞诊所有一项关于如何运用合适的语调和说话方式的训练项目（简称ESP），就是为那些在小团体中有说话障碍并且很想锻炼这方面能力的人开设的。很长一段时间后，一个有趣的谈话现象出现了。第一次训练中，大多数成员在相互交谈，却并不和咨询师交流。

“什么？”鲍勃轻声地问。讨论继续进行着，并没有因为他的提问而有所停顿。“哦。”鲍勃装作认真地喃喃自语。几分钟后，他向后移动椅子离开了会议桌，叹了一口气，表示觉得讨论很无聊，并打开了报纸。他觉得自己被忽视或排斥了，所以不想加入他们愚蠢的谈话。

当我们谈到讨论过程中发生了什么事情时，出现了完全不同的说法。小组中有些人根本就没听到鲍勃的提问，还有一些人并不确定他是否在问“什么”，而且他们讨论得太热烈了，并不想停下来去求证鲍勃说了什么。从鲍勃这方面来看，他低声地提问表示他渴望参与大家的讨论。对鲍勃来说，心理学是个未知的领域，他不知道该说些什么，也并不想表现得像个傻瓜。科学实验证实了

ESP 现象，因为他人的忽视，鲍勃刚开始的好奇心转变成了“有什么了不起？谁在乎呀”，最终由防御性的提问转变为进攻性的指责，最后表现出对这个谈话的不屑一顾。

这个训练项目可以让大家锻炼如何提问才能不打扰别人，并得到回答。

掌控真实的你和角色中的你

害羞者通常很关心他们的行为是否真实地表达了自己。但就像一个好演员一样，每个人都应该能把握真实的自己和自己所扮演的角色。用行为说话，反过来，行为也能表达自己。

我发现有一种可以使害羞的人不必亲自尝试行动却又能行动起来的方法，那就是角色扮演。你可以扮演一个指定的角色，例如害羞调查的“采访者”，甚至极度害羞的人也可以塑造出令人折服的人物形象。害羞的人能够走出害羞、忸怩和敏感而扮演好角色本身。在这种情况下，他们不会太敏感，因为真实的他们并不会被关注。有了剧本、背景以及设置好的角色，他们就完全可以摆脱困境。“管他呢，不管发生什么，我又没什么损失，为什么不去扮演呢？”

> 您好，我正在为斯坦福大学的害羞项目做一项调查。我想了解您对于您所完成的害羞问卷的看法，您什么时候方便，我们谈谈吧，大约需要 15 分钟。好的，谢谢。那我星期三晚上 7 点来拜访您。顺便说一声，我的名字是罗伯特·罗勒佩尔，非常感谢您的合作。

从类似这样的文字剧本开始，学习班里害羞的学生做了近百个访谈。作为采访者，他们不仅能接听平时令他们感到很恐惧的电话，而且还很享受这个过程。很多访谈竟持续了一两个小时，并且最终以一项未经事先计划的社交活动而结束，例如散步或喝咖啡。对有些人而言，是角色让他们与他人有了最初的接触，甚至发展出友谊。他们超出了角色的要求，并且将这个角色与其他角色融合，就像有些心理学家认为的那样，这些角色共同组成了“真实的自己”。

专注于你的角色进而达到忘我境界，这是角色扮演的另外一个特征。乐队指挥劳伦斯·韦尔克（Lawrence Welk）讲述了他害羞的发展过程，以及进行角色扮演如何使得他的生活发生了巨大变化。

SHYNESS 劳伦斯·韦尔克的故事
WHAT IT IS, WHAT TO DO ABOUT IT >>

童年时的一场大病和一个大手术迫使我错过了整整一个学年的课程。于是，在下一个学期回学校时，我发现自己比同班同学都高一头，这使我确信我的确是父亲口中的“傻大个儿”。这段经历加重了我的自卑感，此后不久，我变成了一名四年级的辍学生。

我成长于一个德语家庭中，21 岁离开在农场的家后，我很快就深刻地意识到自己说话带有浓重的口音，我害怕在公众场合讲话。我非常喜欢演奏手风琴，无论参加晚会的人有多少，我都暗暗地希望有人会要求我演奏。事实上，我很害怕人群，面对人群时，我常常觉得能钻进一个洞里就好了。

一个叫乔治·凯利的人在很大程度上帮助了我克服害羞，重塑自信。乔治有一个小杂耍马戏团，他给了我一份工作。他向观众介绍说我是“世界上最伟大的手风琴演奏家”，很显然，这不是事实。另外，他还把有关艺术表演的经验都教给了我。

当我第一次成为自己乐队的核心时，我已经掌握了取悦观众的方法，但一想到要与他们交谈，我依然感到害怕。有勇气作为一个乐队领导者在舞台上说出第一句话，这花了我 20 年的时间，而这句话只是“一、二，开始！”

在电台以及后来在电视上，我发现自己在与浓重的口音、有限的教育等多种障碍做斗争，长期以来，这都使我害怕在公众面前讲话。当我第一次签署每周一次的电视节目合同时，制片人的话几乎要把我吓回农场去，他们说有可能让我做电视主持人，我的反应是“你在开玩笑吧”。

随着时光的流逝，我做了 26 年的电视节目主持人，无数次地谈论美国病入膏肓的社会，加上许多次代表我的图书出版商公开露面，我相信自己已经丢掉了很多害羞感。至少我已经在一定程度上能做到面对人群泰然自若，就像在我的乐队或公司好友面前一样可以应付自如。当然，也许你会说，在帮助我克服害羞的问题上，我的事业发挥了不可磨灭的重要作用。

在过去的 50 年里，我成功地克服了一些害羞感，我相信这在很大程度上归功于我总在尝试去避免尴尬的场合，并确保我总是清醒地了解自己。如果事情来得突然，我会让音乐伙伴们用他们超级棒的歌声和表演来代替我说话。当那可怕的害羞出现时，我总能依靠这些“伟大的同事”成功渡过难关。

在发展社交技能方面，角色扮演充当着一个至关重要的角色，涉及采取行动以及一些相关经历。通过扮演某个角色而暂时忘掉自我，你可能有机会演绎一些通常被禁止的行为。你自己的自我意识是不允许带到舞台上的，所以当你并不是真正的自己时，可以尽情展现你的表演才能。然而，你曾经扮演过的那些角色其实也是你自身的部分体现，毕竟不能否认，当你正在扮演一个角色时，你清楚地知道自己在做什么，并对此有所感悟。

根据一位 50 岁的害羞女士的描述，她感受到角色扮演的作用主要体现在以下几个方面：

> 我发现扮演一个特定角色时，我的害羞感和窘迫感都消失了。我觉得自己有演戏的天赋。毕竟，这不是真正的自己在舞台上，这是一个角色、一个人物，是别人。同时，这是一个摆脱生活中害羞的我的机会。角色扮演让我的情绪有了很多宣泄口，这也把我从害羞中拯救出来，并让我收获了很有意义的回报和成就感。

为了克服害羞，有的人选择了演员这个职业，这并不奇怪。理查德·哈奇（Richard Hatch）在系列电视剧《旧金山街头》（*The Streets of San Francisco*）中取代了迈克尔·道格拉斯（Michael Douglas）的位置，他在接受采访时说："我曾经是个害羞的人，步入这个行业就是为了改变自我意识和克服自身的束缚。钱对我来说不算什么，克服害羞才是我最大的成功。"

改变行为练习

心理学家越来越清楚地认识到，许多来访者和精神病患者的行为问题都是由缺乏社交技能导致的。以前，心理学家认为这些问题与深层次的情感动机机制相关，现在则相对较少关注根本就无法观察到的内在机制，而是更多地关注外在行为表现及其后果。我们发现，可以改变的是人的行为而不是人本身。这种分析方法省略掉了那些复杂、未知的自我意识以及类似的行为，证实了做与不做会产生不同的后果，其目的在于增加人的积极行为，减少消极后果。也就是说，我们不去探究那些有恋母情结的人为什么害怕参加工作面试，而是致力于教会这些人顺利参加面试的特殊技能。

不能在特定情景下做出合理行为有两个主要原因，分别是没有掌握必要的社交技能和由于高度紧张而导致的精神不集中。那些能让自己放松的方法以及通过思考来减少焦虑的技巧可以把焦虑置于个人可控制的范围内。研究调查证明，一个成功的社交技能项目能够为人们提供更多的自我肯定，从而减少焦虑情绪。

SHYNESS 练习 11 | 与自己签订合同
WHAT IT IS, WHAT TO DO ABOUT IT >>

任何老板都不会对一个平平无奇的要求改善工作环境的计划感到满意。因此，对害羞者而言，能清晰谨慎地提出目标并列出实施目标的具体措施至关重要，这就相当于与自己签订合同。那么，到底应该怎样使用这个方法呢?

如果你想开始改变你的生活方式并提升你的生活品质，就必须与自己签订合同，制订一个详细明确的契约，写出从什么时间开始以及具体的要求。

1. 你想做的改变。

   制订具有现实意义的改变计划。对于那些害怕面对面交流的人而言，和 400 个人交谈是一个不切实际的目标，但你可以把目标分解得更小，更容易操作些。例如，这星期你想交更多的朋友，目标的第一步是与 4 个不认识的人打招呼。

2. 怎样检验你是否有进步。

   使用表格或日记的形式记下进度，或者请朋友监督你。

3. 每完成契约的一个部分就给自己一些奖赏。

   “每次向陌生人问好，我的内心就感觉很舒畅，并会给自己一些奖励，比如泡个澡、来一次缓慢悠长的散步或看一部电影。”准备充分、态度积极能够帮助你实现你所期望的，甚至超乎你的期望。当奖赏自己时，要立即慷慨地表示同意，对自己说“我做得很好”“我对自己很满意”“我真的很喜欢自己”。

4. 当已经完成这份契约，想想你将怎样进行下一步。

   “下周末，我将向 4 个人问好，并且准备执行交朋友的下一步计划。”

5. 如果你没有履行契约该怎么办。

   选择一种惩罚措施并切实落实，如打扫地下室、清理树叶。

用纸笔将你的契约记下来是一个好主意，这使它更正式，并会增加你执行契约的可能性。

你可以为一段时间内的一些或全部活动制订契约，这有助于提高你的社会声望，使你能够接触到对自己更有帮助的人。选择那些对你最重要的目标，设计一个项目，然后去完成它。专注与坚持将会成为你收获的另外一份奖赏。

练习21 开口说话

如果你觉得对别人开口说话是一件很困难的事，不妨做以下尝试。

1. 打电话给信息接线员，查询你目标交流对象的电话号码。这样，除了能得到交流锻炼以外，你还可以确认你所拥有的电话号码是正确的。问好之后，请感谢那个接线员并注意他的反应。
2. 打电话给当地的一家百货公司，核实广告商品的价格。
3. 打电话给一个广播交流节目，说你喜欢那个节目，并针对那个节目问一个问题。
4. 打电话给当地的一家影院，询问某部电影的时间。
5. 打电话给当地报纸上的体育服务台，咨询当地最近的篮球赛、棒球赛或足球赛的得分。
6. 打电话给图书馆，向相关的图书管理员咨询美国人口数量或其他你想要获得的信息。

你可以以匿名的方式和他人用电话聊天。渐渐地，你就能把这种经验应用于特定的情境下，比如，与你的目标交流对象在电话中问好或在街上打招呼，就像在练习中那样说“你好”。

SHYNESS 练习 3 | 注重着装和打扮
WHAT IT IS, WHAT TO DO ABOUT IT ➤➤

只有很少人能长得像劳伦·赫顿（Lauren Hutton）或保罗·纽曼（Paul Newman）一样美丽动人，但每个人都可以使自己看起来尽可能地漂亮一些，比平常看起来更出众一些。

剪一个适合你的发型，并不一定是最新潮的，另外，随时保持头发干净整洁。如果你想更好看一些，那就化个妆，但不要太过。

搞清楚什么衣服最适合你。如果不知道，你可以问朋友。穿最适合你肤色的衣服，并保证衣服是干净整洁的。当你穿着得体且舒适时，你会很自然地感到更有自信，至少能帮你解除对着装的忧虑，或将这种忧虑降到最低限度。

SHYNESS 练习 4 | 说“你好”
WHAT IT IS, WHAT TO DO ABOUT IT ➤➤

从下个星期开始，与在街道、办公室和学校里见到的每一个认识的人打招呼。你可以微笑着说“你好，多么美好的一天啊”，或者“你知道昨天下雪了吗”，又或者是一些其他简短的问候。由于大部分人不习惯在街上被人问候，所以当你与他们交谈时，你可能会发现许多人会感到吃惊。有些人可能并不理会你的问候，但在大部分情况下，你会得到积极愉悦的回应。

SHYNESS 练习 5 | 与陌生人交谈
WHAT IT IS, WHAT TO DO ABOUT IT ➤➤

想要练习交谈技巧，一个非常好的方式是在公共场所用常见话题与陌生人交谈，例如在以下场所：

1. 杂货店；

2. 剧院；

3. 集会场所；

4. 医院候诊室；

5. 体育场；

6. 银行；

7. 家长会；

8. 教堂；

9. 图书馆。

有些时候，你可以通过分享共同经验开始一段交流，例如：

1. "这条故事线很长，它一定是部好电影。"

2. "这周围很难停车，你知道哪里方便停车吗？"

3. "那是一本好书（值得买的书）吗？我从来没读过（或者我想试试）。"

4. "这件毛衣（公文包）很漂亮，你在哪儿买的？"

SHYNESS 练习61 给予赞美，接受赞赏

WHAT IT IS, WHAT TO DO ABOUT IT

想要开始一段交流，并让别人以及自己感觉舒服，一个很简单的方式就是赞美对方。你可以从以下几个方面开始：

1. 某人的穿着："我喜欢你这身衣服。"

2. 某人的打扮："你的头发看起来真好看！"

3. 某项技能："你是名出色的园丁。"

4. 某种个性："我喜欢你的笑容，很有感染力。"

5. 某人的财物："多么棒的一辆车啊！"

为了深入交流，可以对上面的对话简单地加个问题，例如：

1. "多棒的车啊，你买多久了？"

2. "你是名出色的园丁，你是怎么对付虫子的？"

学会享受你得到的赞赏，不要认为它们不重要。例如，有人对你说"我很喜欢你这身衣服"，如果你回答"哦，这是旧的，早该扔了"，那就只会让问的人觉得自己愚蠢并感到不开心。所以，当别人赞赏你时，至少要说一声"谢谢"。最好的回答应该是对这些赞赏予以好的回应。比如，当别人说"我很喜欢你这身衣服"时，你应该答"哦，谢谢，我也很喜欢，它真的很舒服"，或者"听你这样说，我真的很高兴"。

为了能让自己得到赞赏，在接下来的两周内，请每天至少给予别人三次赞美。注意，要有礼貌地接受别人给你的赞赏，允许自己因为这些赞美而高兴，并对赞赏者表示感谢。

同样，你可以对你欣赏的人给予赞赏，但不要因为某人的权力或职位而给予太多直接的赞赏，例如口才超群的老师、辛劳的父母和改变公司政策采取措施的上司。如果你想对他们表示赞赏，可以写一封感激信，既容易寄出，别人也乐意接受。

试着将赞美之词送给那些应得之人吧。

SHYNESS 练习 71 认识陌生人

WHAT IT IS, WHAT TO DO ABOUT IT

尝试去认识更多的人。首先，你需要从数量上而非质量上取得突破，当然，这需要实践。

你可以去令你感觉舒服的地方，比如超市、书店、图书馆、博物馆……不管去哪儿，至少都要开始一段交流。也可以去让你感兴趣的地方，比如咖啡店、作家工作室、爬山小组、女性研究小组和拯救鲸鱼小组，不过，这些地方或许并不会像让你感到舒服的地方那样让你觉得安全。

如果你感觉不自在，那第一次就约个朋友一起去，以后再逐渐尝试单独行动。第二次，至少要与他人谈论一个你们都感兴趣的话题。例如，在咖啡馆，你可以说："你喝哪种咖啡？我喜欢喝法式烘焙的，我觉得这种味道棒极了。"一般而言，酒吧不是结识朋友的好地方，那里的空气中有一种明显的紧张感，而且在这种直接为寻求异性伙伴而开设的酒吧，被拒绝的概率很大。

你还可以和朋友一起出去，陪他们上课、运动或者聚会，并让他们把你介绍给自己的朋友。你可以选择去接近那些在活动中不起眼的人，因为他们可能会对你的接近感到非常高兴。

现在，为自己制订好一份计划表，下个月至少要去某个地方三次，每周要去哪里，要和谁去。如果你计划邀请朋友一起去，应该事先得到他们的同意。刚开始时，去一些让你感觉舒服的地方，之后再换一些不太熟悉的地方。如果有需要，就每周与自己定个契约。

每次活动后，写下你去了哪里，发生了什么，感觉如何。弄清楚是什么让你与他人交流得很顺利或者不顺利，然后再尝试改进那些不顺利的，适时调整自己的出行计划。

SHYNESS 练习 8 | 保证自己有话可说
WHAT IT IS, WHAT TO DO ABOUT IT >>

想要与他人顺利展开对话，你需要有话可说，关于这一点，最简单的方式是：

1. 阅读好的报纸或杂志。
2. 了解你所在城市、州以及全国的政治形势。
3. 阅读电影评论和书评，然后去看一些电影，读一些书。
4. 钻研一些有关政治、文化的问题或其他随便什么主题，要对它们非常了解。如果想达到这样的目标，你需要记一些笔记。
5. 回忆四个或五个最近发生在你身上的有趣的或激动人心的事。通过在镜子前或用录音机练习的方式，把它们变成简单而有趣的故事。
6. 写下两个或三个其他人讲给你的有趣的故事。如果你觉得合适，也可以记下一些笑话。不过，如果你觉得记一些关键字或词语有困难，说明对你而言，讲笑话不是最好的方式。

看看下星期你能给其他人讲多少不同的故事，逐渐扩大你的故事储备量。同时，你一定要在讲故事时注意听众的反应，以判断选择的故事素材是否恰当。对一些听众而言，你精心准备的故事不一定很有吸引力，所以你还要准备一些能够展示并介绍的东西。

<<

SHYNESS 练习 9 | 与陌生人开始对话
WHAT IT IS, WHAT TO DO ABOUT IT >>

如果你正在图书馆、课堂、晚餐聚会或交谊会上，应如何开始一段对话？首先，应该选择看起来和蔼可亲的人、对你微笑的人、独自坐着的人或来回闲逛的人交流，千万不要选择那些一看就是在忙其他事情的人。

下面介绍了多种开始一段对话的方法，你可以选择最适合也令你最舒适的那种。

1. 自我介绍。

“嗨，我的名字是……”这种方式最适合所有人都是初次见面的聚会，大家可以依次交流彼此的住址、工作、家庭等。

2. 给予赞赏。

表示赞赏后，可以顺便问一个问题，例如：

“真是一杯好酒，你是怎样调出这杯龙舌兰日出的？”

3. 请求帮助。

明显地表现出你需要帮助，同时确定另一个人能够为你提供帮助，例如：

“我找不到那份法律文件了，你能帮我找一下吗？”

“你能给我展示一下这个舞步吗？”

“我对贸易商品一无所知，你可以给我解释一下吗？”

4. 试着展现自我。

当你进行显而易见的自我剖白时，你会得到积极的回应。所以不妨试着这样表达自己：

“我不确定自己到这儿来干什么，我真的非常害羞。”

“我想去学滑水、游泳、溜冰，但我不知道能不能学会。”

“我刚刚离婚，感觉有点举棋不定。”

5. 使用常见的社交礼仪。

“需要我帮你点烟吗？”

“你看上去还需要一杯，要我帮你拿一杯吗？我正好要过去。”

“这儿，我来帮你拿着东西吧。”

6. 如果你实在是太为难，可以使用老套却很奏效的话题。

“你觉得天气怎么样？”

“我以前是不是在哪里见过你啊？”

“发生什么事了？”

“你看比赛了吗？”

用录音机或者在镜子前练习说这些话题，并在接下来的一周里实际尝试一下，看看哪种话题最奏效，然后分析其优缺点。

练习 10 | 让交谈顺利进行

一旦展开一段对话，你就可以用一些技巧来保持对话的顺利进行了。

1. 问些实在的问题，如“道奇昨天表现得怎么样”，也可以问些很敏感的问题，如“对于总统的表现你有什么看法”。
2. 谈谈你自己的一个私人观点或讲讲有关自己的故事。
3. 让其他人谈谈他自己，如在哪里长大，是否喜欢自己的工作等。
4. 对其他人的事情表示感兴趣，比如问他人“书是如何出版的”，或者“你是如何成立一个日托中心的”。
5. 最重要的是，分享当下正在发生的事情以及你对这件事的看法，把你的想法和别人联系起来。

SHYNESS 练习 11 | 主动倾听
WHAT IT IS, WHAT TO DO ABOUT IT

关注周围人的交谈，做一个倾听者。通过认真倾听别人的对话或讨论，你可以获得很多信息和有关他人性格的线索。

1. 注意倾听别人正在谈论什么，并让别人清楚地知道你正在倾听。你可以用一些口头语，比如"是的""嗯""我懂了""很有意思""不可思议""真的吗"，或者非言语的表达，如坐得靠前点、站近点、恰当的点头等来表示出这一点。
2. 不要在没有确切信息时对别人的状况做出猜测，例如，不要说"我觉得你一定是因为没有被邀请去聚会而难过，对吗"，或者"你是在因为我没有回复你的信而感到气愤吗"。
3. 优秀的倾听者能够学会判断别人的处境。如果不能，那就把你听到的和你曾有过的类似经验联系起来判断。比如，"我从未参过军，但我能想象那些无意义的琐碎命令，我做军队顾问时……"
4. 当与人交谈时，如果说到一件你不懂的事情，你可以要求对方给予清晰的讲解，比如，你可以说："你是想说这个吗？"或者"我不太理解，可以帮我解释一下吗？"不要害怕承认你不知道一些东西，人们通常非常喜欢给别人做讲解。

SHYNESS 练习 12 | 礼貌地告别
WHAT IT IS, WHAT TO DO ABOUT IT

告别是一种复杂的礼仪，对人际关系有相当重要的意义。与别人告别以及结束谈话的方式很重要，它可以使下次再见面变得很容易，也可以使这次谈话变得毫无意义。

当你已经把必须说的话全部讲完，或者你们约定的时间已经到了，你必须适时地表示你要离开。这时，你要让对方获得以下三个信息：你准备离开了；你从刚才的谈话中获得了乐趣，并在某种程度上获益；你希望将来与对方有更多的交流机会。你可以用以下几种方法来表达以上三个信息：

1. 巩固：用简短的语句对对方最后说起的事情表示同意，比如“当然”“好的”“好吧”等。
2. 感谢：用一句话表达你从这次谈话中获得了乐趣，比如“很高兴和您交谈”。
3. 结束语：可以是对本次谈话的概述。

中断眼神交流、向出口方向移动、身体前倾、微笑、点头和握手，你可以这些非语言的表达方式表示要离开了。

注意你的朋友以及和你交谈的人们是用什么方式结束谈话的，并在结束各种谈话后，记录下最后几分钟内你所说的话和所做的事。

确认哪种离开的信号是最恰当、最清楚的，并且可以使对方舒服地结束谈话，然后，你可以将其巧妙地加入告别语中。

SHYNESS 练习 13 | 成为一名社交达人

WHAT IT IS, WHAT TO DO ABOUT IT

下面有很多能帮你提高社交技巧的方法，你可以在下个星期选择一些去尝试。如果有需要，就与自己签订一份契约。从最简单的开始，然后再做那些对你而言更为困难的事情。记录下对你有帮助的方法以及当时你的反应。

1. 在你工作的大厦、食品杂货店或班级，向一个陌生人介绍自己。
2. 邀请一些和你顺路的人同行。

3. 请求参加下一个游戏或正在进行中的娱乐活动。如果你在办公室，就加入大家的午餐闲谈。
4. 安排一次个人意见调查，向 10 个人询问他们对时事的看法，向每人问一个问题。
5. 向陌生人借 10 美分打电话，并与其约定如何归还。
6. 找一些公司、班级或社会团体中异性的名字，打电话给他们，询问下一项工作的重点、班级工作或即将到来的大事件。
7. 到咖啡馆向你最先见到的 3 个人微笑点头，并至少与见到的一个同性进行交流。
8. 在食品杂货店、银行或电影院排队时，与任何一个靠近你的人进行交流。
9. 在加油站的服务员给你的车加油或进行检查时，去与他谈话。
10. 当你在公交车、候车室、班级或电影院时，与他人谈论一些有趣的话题。
11. 在进行慢跑的路上、沙滩或游泳池，与附近 2~3 个陌生人进行交流。
12. 注意你的邻居或班级里有谁需要帮助，向他们伸出援手。
13. 用一天的时间摘抄你的通讯录，看看其中有多少人是你能与其交流的。
14. 组织一次小型聚会，最好邀请一些陌生人。
15. 你有问题的时候，向同宿舍、公司或邻居中不熟悉的人询问建议。
16. 邀请一个从未和你吃过饭的人共进晚餐。
17. 在镜子前练习你的开场白以及后面你想表达的话并录下来。听着自己的声音，试着重复并提高你声音中的热情与活力。
18. 向 5 个你不常打招呼的新朋友说“你好”，试着保持微笑并得到他们的回应。

SHYNESS 练习 14 | 与一个熟悉的人发展为朋友
WHAT IT IS, WHAT TO DO ABOUT IT >>

友谊的产生通常有很多原因，比如形影不离的接触，共同参加一些活动，有相似的观点，价值观一致，背景相近，性格相投，兴趣相同。

在初识的人中，你想和哪些人更亲近并成为朋友？选择几个你想进一步了解的人，也就是你希望与之建立友谊而不只是停留在初识状态的人。

写下你已经了解的有关他们的所有事情，并写下你们的共同之处。

准备并进行一次电话或面对面的简短联系。选择合适的话题开始，一定要表明你只是想聊一会儿，为了获得一些建议，分享一些他可能感兴趣的东西，并在双方都感觉很舒适且同意结束谈话之后说再见。

接下来的日子里，你可以邀请他参加某些活动，如一起喝咖啡、吃比萨、参加当地的活动或者散散步。

如果你想得到这份友谊，就热情地表达出自己的关心和鼓励。不要自我封闭，大胆地说出来。然后，你可以多次应用这样“逐步了解”的方式，扩大朋友的范围。

<<

SHYNESS 练习 15 | 约会
WHAT IT IS, WHAT TO DO ABOUT IT >>

约会是一种会让害羞者感到焦虑的社交活动，因为约会有多于普通交往的情感暗示。害羞者约会往往会感到很受伤，当他们感觉有可能被拒绝的时候，常常会选择逃避约会。或许正是因为这个，越来越多的约会变成了团体活动，人们会想：“我们都去，为什么你不一起跟着来呢？”

如果你对约会感到害羞，可以选择通过电话约会。这样，你就可以避免肢体语言的交谈。不过，在电话约会前，要先在心中做好两种计划。

首先，当你接通电话后，清楚地说出你的名字和你们准备见面的地点，比如："我是约翰·西蒙斯，我们在克拉克的休闲屋见面。"

接下来，你应该：

1. 确定你能被认出来，如果不能，就在看到他时主动做自我介绍。
2. 给对方一些赞赏，表示对他的观点、价值观、社会地位和荣誉感的尊重。
3. 坚信约会的时机到了，比如可以对他说："这周五你愿不愿意和我一起去看电影呢？"明确你的要求，在心中描绘约会的场景，到时就会实现。
4. 在给对方自由的选择空间的情况下，如果对方同意在特定的时间与你看一场与众不同的电影，那就行动吧！顺利地结束你们的交谈，一定要礼貌，做到顺畅自然。
5. 如果对方不同意与你约会，想一想是不是时间或内容不合适，然后为对方提供更多的选择，或者建议进行非正式的约会。如果你不想就这么结束电话，可以问："工作结束后，一起喝杯咖啡怎么样？"如果对方的回答还是"不去"，就说明他对你没有兴趣，在这个时候，你就应该礼貌地结束这次交谈了。

你要明白，对方不想和你约会并不代表你被对方彻底拒绝了，健康、工作、害羞等都可能是对方拒绝的原因。

假如有人约你但你对这个人不感兴趣，千万不要出于同情心或内疚感而同意，而应果断地说："不，谢谢你，很高兴你邀请我，但我不想去。"拒绝但不要伤害邀请者，因为他可能也非常害羞，可能花费了很长时间来准备这次约会。你有权利对所有希望和你约会的人说"不"，但一定要给你的拒绝做一个合理的解释。

练习 16 | 用 DESC 剧本处理人际冲突

鲍尔兄弟在《坚持你自己》（*Asserting Yourself*）中介绍了一种处理人际冲突的独特方法，而且，不论是欺诈你的汽车修理员，还是经常当众指责你的丈夫，这个方法都很适用。这种方法叫作“DESC 剧本”，指的是描述（Describe）、表达（Express）、细化（Specify）和结果（Consequences）。

DESC 剧本

描述

在一开始，尽可能详细且客观地描述令你烦恼的行为：

“你说过修理这些问题只用 35 美元，可现在你却向我要 110 美元。”（对汽车修理员）

“之前三次我们和别人在一起时，你都在他们面前指责我。”（对丈夫）

表达

说出你对这种行为的感觉和看法：

“你这样做让我很生气，感觉被坑了。”

“你这样做让我很丢脸、很受伤。”

细化

要求对方有一个不同的特定行为：

“我希望你把我的账单改回起初预算的那样，除非你能为额外的收费提供依据。”

“我希望你不要再指责我，以后每次你想开始指责我时，我都会提醒你。”

结果

具体且简单地讲清楚你对于他们行为改变后的回报，有时候也必须详细说明对方坚持不改变行为的负面结果：

“如果你这么做，我会告诉所有的朋友我在鲍勃修理店得到了很好的服务。”

“如果你不再指责我的话，我会感觉好很多，会做你最喜欢的苹果馅饼。”

有效使用这些方式的最佳办法是，把这些话提前写好并在镜子前练习。练习几次之后，你就能当场编出话来并顺利地表述了。

现在就开始为你想解决和改变的一个麻烦情景写出剧本吧，练习、表达、总结，努力提升你的自信心。

SHYNESS 练习 17 | 正确对待压力
WHAT IT IS, WHAT TO DO ABOUT IT

以下是处理压力和心理焦虑的一些技巧。当你因为要参加晚会、与人约会、演讲等而感到焦虑的时候，可以使用这些方法。

1. 随时做好准备，有必要的话事先演习。
2. 条件允许的话，放松或沉思 20 分钟。
3. 在脑中想象即将发生的整个情形，过程要很详细。不要集中停留在某一处，要一直向前发展。
4. 想象让你感觉最放松的地方。这是一个让你感觉非常舒适的地方，可能是海边、浴室，或者是郊外。当你感到焦虑时，仔细想想这些体验——那种感觉，那种味道，等等。
5. 在脑海中一遍又一遍地告诉自己："我知道我可以做到这个。我可以做好它，而且也能从中体会到快乐。"

有时 1～2 种方法就能起作用，有时你可能需要使用以上所有方法。

这些技巧可以帮助你成为一个更加自信、办事效率更高的人。像其他所有你希望掌握的技巧一样，这些技巧也需要付诸行动。刚开始，这些技巧看起来很专业，很有计划性，很难操作，然而，通过不断地练习和积极地总结，你就可以用自己的风格加以灵活运用了。它们将不仅是严谨的自我提高策略，也是为了享受更加美好的生活而做的尝试。

当你建立了自信心，提高了社交能力，你以前的一些想法就会随之发生改变。有很多人需要你来帮助他们克服害羞和不自信，你不想尝试一下吗？

本章提要 SHYNESS WHAT IT IS, WHAT TO DO ABOUT IT

1. 克服害羞，提高社会适应力的第四步：改变固有行为习惯，提高社交技能。

2. 害羞者最常见的人格特质就是不采取行动。

3. 通过本章的练习，希望你能达到以下的目标：

（1）学会如何进行人际交往，在社会交往中获得积极的反馈；

（2）学会如何在他人面前表现自如且充满魅力。

11

第五步：帮助他人走出害羞的困扰

SHYNESS

WHAT IT IS, WHAT TO DO ABOUT IT

如果愿意伸出援助之手并尽自己的努力，我们可以多方式、多渠道地帮助别人更好地应对或克服害羞，为他们创造宽松的环境，通过自己的言语及行动帮助别人，用成功的范例帮助那些害羞的人。

博比·肯尼迪（Bobby Kennedy）是我非常敬重和欣赏的政治家。我敬佩他做决断时超人的智慧，钦佩他面对有组织的犯罪和种族歧视时过人的忍耐力。当我在纽约的政治集会偶遇他时，我感到非常吃惊，因为我的偶像竟然会在社交活动中如此拘谨，在被美好的祝福包围时，他竟然会手足无措。

当得知实际上他也是一个害羞的人后，我更加欣赏他的行为了——尽管害羞，仍能主动帮助他人克服害羞。第 2 章中我们谈到过的那位害羞的足球明星罗斯福·格里尔，一直很感激博比·肯尼迪帮助他走出了害羞的阴影。

> 最终让我摆脱害羞的是博比·肯尼迪，他是第一个对我说这样话的人："来吧，小伙子，你能做到！从哪儿跌倒就从哪儿爬起来，然后再来谈谈你那时的感受。"这样做确实很有效，我义无反顾地按他所教的去做。自 1968 年起，我成功地摆脱了那个羞怯的自我，敢于在公众面前演讲，还欣喜地发现人们很愿意听我讲。我现在已经成功克服了自己的害羞，但他对我的教导让我铭记在心，我会继续按他说的那样做下去。

如果人们愿意伸出援助之手并尽自己的努力，那就可以多方式、多渠道地帮助别人更好地应对或克服害羞，为他们创造宽松的环境，通过自己的言语及行动帮助别人，用成功的范例帮助那些害羞的人。

我们应该像履行契约般认真地帮助害羞的孩子、配偶、朋友和邻居克服害羞，而且在帮助别人的同时，我们也帮助了自己。例如，如果大家都很害羞，关于某个问题我们能学到的也会很少；而如果大家都能发表自己的见解，为之付出努力并最终战胜害羞，能够放得开，那我们就能学到更多。如果大家都成为后者，那就不仅可以使自己成为有魅力的人，还可以让我们的社会储备更多的健康、优质、随处可以使用的人力资源。最重要的是，孤独者越来越少，围绕在身边的快乐就越来越多。

我们已经了解到害羞的原因，而这将为新的职业——克服害羞的代理人提供平台。在第二部分的前几章中，我们提供了许多针对个体的应对策略，可以有计划地帮助特定的人群。本章中，我们增加了一些通用原则和特殊的应对策略，使你可以在自己的交际圈内帮助你的孩子、配偶、老朋友以及结识的新朋友战胜害羞。这些策略既有针对个人的，也有针对团体的。有些策略可以单独执行，有些则需要更加缜密的安排，如通过想象、创意以及承诺去帮助别人，可以让害羞者按照你的计划去做，这样会令他们变得更好。

你帮助的人越多，就会有越多的人可以去帮助别人，就像滚雪球效应一样。

认同、理解孩子的行为

家长和老师在年轻人心中非常重要，因为孩子需要家长的认同，学生需要老师的认可，家长和老师无意中的一句话甚至一个眼神都会令他们感到害羞，甚至会加剧他们的害羞。在了解每个年轻人的个性后，我们要帮助他们增强自我价值感，减少他们在这个不断变化、结构复杂的成人世界中学习时所遇到的困难。在支持他们为成长付出努力并扩充自己的同时，我们也要鼓励他们表现得与众不同。或许，只有在感受到我们无条件的爱，给他们足够的自由时，大多数人才会乐于接受现在的自己，并不断尝试变得更好。

你手中所持有的钱币是有两面的：一面是由于你的不留神而加重孩子的害羞，另一面是靠父母和老师的认同和努力减少孩子的害羞。家长和老师的责任重大。你必须选择对的一面，需要计划好你的投资，确保将获得最大的回报。你要谨慎使用手中的权力，清楚地知道自己拥有什么，孩子希望从你身上学到什么。你要将提高生活品质的经验传授给下一代，而不是破坏他们生活的经验。

我们有责任让自己的孩子、邻居的孩子和学生拥有良好的自我感觉，帮助他们发现生活中任何一件有意义的事。从现在开始，赞美你的孩子和学生所做的所有值得赞美的事情，赞美他们身上任何你觉得有吸引力的地方，你应该说“我觉得你对你的发型所做的改变很漂亮”，而不是“你的发型很漂亮”，或者也可以说“我真的很喜欢你的幽默感（或你解决问题的方法），我发现这是一种很有魅力的品质”。

鼓励别人就要慷慨地赞扬，哪怕是直接对你的配偶或同事给予恰当的赞美，但不要给他们造成压力，因为不恰当的恭维会显得僵硬、空洞。

你也要教给孩子和学生接受赞扬，帮助他们加深对赞美者的印象。

你还要学习倾听和观察你的孩子在做什么、说什么或处于何种状态。我们常常是用别人提供的信息去看待孩子，而这些只是在特定的时间和地点做出的判断。从前的老师、邻居或配偶对孩子坏行为的描述，特别是那些未提及孩子当时的处境就认定他们的行为是不对的描述，往往会激怒孩子。

人们做出某种行为总是在一定情境下的，所以在对某种行为做出评价、判断或反应之前，应试着去理解当时的情境。我们在对一个班级做调查时，发现阿尔弗雷德没有集中精力听老师讲关于关心与怜悯的课程。这个孩子怎么了？缺乏认识吗？行为有问题吗？注意力有障碍吗？事实上，此时阿尔弗雷德正处于复仇的幻想中，他想象老师死了，而自己正负责安排老师的葬礼。或许有人认为这孩子太恐怖了。艾利斯·吉诺特博士（Alice Ginott）是一位心理咨询师，他对于成人误会孩子这一问题特别敏感。他试着阐述了阿尔弗雷德幻想恐怖报复这一行为发生的背景：

> 老师对孩子们说："坐下！"除了阿尔弗雷德仍然站着，其他人都坐下了。老师转向他喊道："阿尔弗雷德，你在等什么？要我专门邀请你坐下吗？为什么你必须最后一个坐下？你坐下为什么要花这么长时间？你是天生的慢性子，还是需要有人帮助你？"当阿尔弗雷德坐下时，全班人都笑了。

可以看出，阿尔弗雷德想报复老师的行为并非那么不合情理，不幸的是，他表面上正常的生气很可能转化为不正当的内疚，而且他可能会突然自我感觉很不好。老师本无意触怒阿尔弗雷德，她只是在完成自己的工作。或许这并不在教学日程之内，但她习惯性地把这种规则强加给学生。

老师在汇报孩子的表现时，应该尽可能多地把事件发生的情境记下来，并写明自己在这个事件中所扮演的角色。在把这份报告传达给另一个人或存入档案之前，应该将事件的那些背景信息也加进去。

SHYNESS 练习 11 | 请将你的感情传达给我

WHAT IT IS, WHAT TO DO ABOUT IT ➤➤

关于人们传递和交流的重要信息是如何通过"电话传递链"产生记忆扭曲和偏见的，有一个非常好的例证。你可以把你的家人聚在一起，或者把全班分成几个小组来做试验。

写一段关于一个有新闻价值的事件的小故事，读给第一个人听，且不要被其他人听到。那个人将它传给下一个人，然后继续往下传，直到最后一个人把他听到的故事讲给大家听，接着第一个人再把原故事讲出来。

曲解是什么时候以及如何出现的呢？是出在单词或表达上、太俗套、忘记了部分内容、添加了其他事情，还是放错了重点?

然后，你们也可以试着一个接一个地传达一种非语言式的交流，目的同样是证明人们很容易误解别人的感受和想法。把下面的剧本给第一个人看。

> 最近你处于许多不幸的打击之中——家人生病、失去工作（或者重要的考试没过）、房子被烧毁、胳膊受伤、宠物（或者孩子、配偶）出走等。你深感受伤，既沮丧又气馁。体会这种感觉，不要用语言而采用其他方式将这种情感传达给下一个人。

在收到情感信息后，队列中的每个人都沿着这条传输链依次传下去，直到最后一个人。然后，由最后一个人告诉大家他感受到了什么，并编一个故事来表现这种感情。

将最后一个人表达的感情和剧本相比较的同时，讨论各个小组交流的方法以及曲解出现在何处，再让那些交流不准确的小组试着思考问题的所在。

有时在家庭、学校或工作上出现的问题并不在于语言的准确与否，而在于交流本身，它使情境变得复杂。在做出改变之前，你必须知道困扰人们的问题是什么，也就是说，他们必须将这种感情完整地表达出来。而表达感情的一种有效途径就是停止小道传播，大声讲出来。

SHYNESS 练习 21 大声讲出来！再大声点

WHAT IT IS, WHAT TO DO ABOUT IT

紧闭双眼坐下，听到“开始”信号，所有人就开始去抱怨一个问题，比如工作、团队、家庭度假计划等。大家共同尽全力去抱怨。在抱怨声的间歇，发出“睁开眼睛”的信号。现在重新做一遍，彼此互相注视，在这个时候说出不满，假设其他人都听不见。

下一步，看看有多少相似的怨言并且开始讨论它们。最后，讨论那些只有个别人表示不满的怨言。

这个练习让抱怨的小溪汇成了江河，让我们听到其他人抱怨的事情，然后很自然地引导我们探讨解决问题的方法。

有时候，我们的理智不允许我们去抱怨，它会使我们对于开口说话感到十分困难。有时候，我们会对那些沉默的孩子说“小猫咪请讲话”，但这会让寡言少语的孩子感到更加不自然，依旧不会开口说话。而这种大声抱怨的练习就是教给孩子打破沉寂的好办法，而且对不同年龄的沉默的人都行之有效。

SHYNESS 练习 31 | 像狮子一样咆哮

WHAT IT IS, WHAT TO DO ABOUT IT

要使那些看起来拘谨、反应迟钝的孩子打破沉默，就要用像狮子那样的咆哮和像火车发动机一样的突突声使他们减少害羞的心理因素。

1. “在一个大的狮子家族里，我们都是狮子，并且我们会有一个咆哮竞赛来看谁的咆哮声最大。当我说‘咆哮吧，狮子们，咆哮吧’，请让我听见你们最大的咆哮声。”
2. “谁的咆哮声能够比别人的更大？好了，现在，狮子们，对于咆哮……你们认为这是一只狮子的咆哮吗？那是一只小猫咪在叫。我想听的是真正的咆哮。”

让他们围绕屋子站立，每个孩子把一只手放在前一个孩子的肩上。你是带队的“大发动机”，开始很慢，围绕一个圈走动，边走边发出突突声和汽笛的鸣响。当回到出发点时，你走到火车的最后面，与此同时，这支队伍中的下一个孩子就是火车的发动机。他应当发出更大一点的突突声，并且走动得稍微快一点，继续围绕这条路交替更换发动机，直到每个人都轮到一次。如果中间有谁做错了，火车前行就因脱轨而结束了，所有人的表现就都是不合格的。

SHYNESS 练习 41 | 表达出另一个自我

WHAT IT IS, WHAT TO DO ABOUT IT

过分的忧心忡忡会迫使孩子们通过另一种声音、另一个自我来表达自己，现实的他们则被搁置到了一旁。我和同事的研究已经表明，使用面具和穿戏服通常是受拘束和抑制的行为表现。如果你想用这种方法去营造肆意玩耍、敞开心扉的交流环境，那么安定的环境和匿名进行会使这种方式收效良好。然而，如果发生具有敌意和挑衅的行为，一切就都会向不好的一面滑落。

在这个方法中，可以使用现成的面具，也可以让孩子们用纸袋或纸板制作面具。在装扮期间，你要求他们扮作成年人的模样，戏服可以是一些旧衣服。每个孩子都有一个新名字，并和那些具有新身份的人相处。绘画可以让一个腼腆的孩子无论对什么都能产生兴趣，不要等到万圣节再找使用面具的借口（成年人也一样）。

你也可以让孩子们使用木偶表达他们的情感。把木偶当作你们的孩子，而孩子们则是你的木偶，你会发现很多有趣的秘密。只要做好充分准备，就能再一次体验变成孩子的感觉。你的孩子们也会更乐于亲近你，不仅如此，这也让许多成年人不畏惧重新体验做小孩的感觉。

SHYNESS 练习 5 | 共享资源
WHAT IT IS, WHAT TO DO ABOUT IT >>

我鼓励与人分享的不仅是情感，还有才能和知识。你不必去参加维和部队或去国外分享你的才能和知识，你可以在任何地方施展它们，你的孩子们一定也会受到鼓舞。孩子的自我肯定对于所有参与者都格外珍贵，一旦孩子对自己才能的认知成为思想行为的一部分，“表演”将不再是害羞的产物，它将成为共享资源，是给他人带来快乐的源泉。

创造一个环境，让孩子们学会与其他孩子共享、使用同一种资源，彼此共同寻求帮助或相互给予帮助。这个活动的目的是营造民主的团队环境，促进孩子们合作、共享资源和增进友谊的能力。

准备一些能被分为许多等份的材料，因为有好多孩子（每组 2~6 人）参与活动。每一个孩子分到相应的材料，然后用拼图的方法把它们组合在一起。每个组都分到一些材料，这些材料包含着不同的社会信息，例如，一个孩子的材料是关于地理和气候的，另一个孩子的材料是关于经济的，还有一个孩子要学习一段关于政治环境的材料。组里的其他人也许持有抚养孩子、运动或是有关文化的其他方面的信息。只有把所有的部分都联系在一起，才能显现出一个完整的故事内容。

每个孩子掌握自己的那一部分，然后把它传授给其他人。每个孩子自己当老师，将掌握的材料教给其他参与者并进行测验。为了解孩子掌握的情况，可以对在不同组群里学习相同材料的孩子们学习掌握材料的情况进行比较。

显然，很多资料都能被分开使用，像历史课本、故事书、艺术教程、机电设备等，都是很好的素材。另外，需要两个或多个人玩的游戏，能鼓励大家培养合作精神。

<<

培养孩子的自立能力

我们的生活必须与他人互相依存，并最终以“社会性动物”的方式生存，而团体的力量取决于每个人自立的程度。人们刻意培养孩子的依赖性，只因为觉得有必要，但这造成的后果是把孩子们变成了“唯唯诺诺”的人——只会说“是的，母亲”“是的，父亲”“是的，老师”“是的，全世界”“是，我会变成你所期望的那样”。他们变成了安静、消极、有礼貌的孩子。他们因为顺从而获得赞赏，但很显然，他们很容易被忽视，渐渐变成了木头人或标准操作程序中的一部分。那么，如何培养孩子的自立能力呢？

1. 对孩子和任何鲜活的事情而言，消极都是不可取的。
2. 不要鼓励孩子过度依赖他人，独立会帮孩子更好地掌控自己的生活。依赖就像太妃糖，不论第一次品尝有多么美好，最后总是会伤害你的牙齿。
3. 教会孩子对自己的行为负责。
4. 做一份每个孩子都要独立负责的活动列表，其中的内容都是你希望他们现在能负责的活动。尝试着把这些“希望”变为“行动”。与孩子们讨论这份列表以及责任，确保这里有他们喜欢的或准备去做的事情，在有分歧的地方相互商量。责任心不是像丢垃圾一样简单的家务事，它包括自我包装、自我关心、关心他人，以及为不同的事情做出不同的安排等。
5. 鼓励孩子们对他人有责任心，不只是帮助老人过马路或辅导弟弟妹妹做作业，在你有烦恼或同学需要支持时都要承担责任。
6. 允许孩子们犯错误并给予改正的机会，使他们变得更加自立。害羞的孩子害怕做任何事情，因为他们担心失败或出错。教会孩子们学会预计风险和应对失败，传达给他们这样的信息：他们为了达到目标而付出了许多努力，虽然有可能会失败，但他们的决定永远是不会错的。当然，这个游戏应该在大人的引导下进行。
7. 当孩子们孤单时，为他们准备舒适的环境。当把孤单看作一种靠近自己的方式时，这将是一种积极的自我体验，也意味着孩子可以拥有私人空间和时间。孩子们的生活不只是各种团体活动，这也意味着鼓励孩子参与体会独立生活。例如，独立在石头上行走，独自去博物馆、图书馆，独自欣赏一部电影或尝试独自行走在独木桥上。

了解孩子的友谊关系图

通过社会关系图，老师可以对班级氛围有更好的了解。每个孩子都会给与自己玩的孩子做上不同的记号，每个同学都会有一张关系网，他和谁玩（用 P 表示），谁是他的好朋友（用 GF 表示），谁只是普通朋友（用 F 表示）。通过这些了解，你可以描绘出这个班级中交友形式的线路图，知道谁是“班级明星”，谁是“孤独者”，谁的友谊是不被接受的，谁是不受欢迎的。

有了这些信息，你就可以重新组合搭档去更有效、更和谐地完成一些事情。图 11-1 是 7 个孩子的社会关系图。

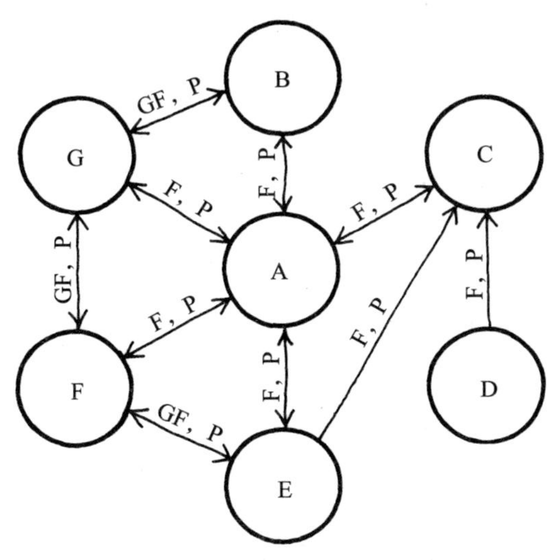

D是被忽视的，没有其他朋友，只和C玩；A是每个人的朋友，但没有一个人是他的好朋友；F和G既有普通朋友，也有好朋友；C没有回应E和D的友谊。

图 11-1　社会关系图

你也可以对自己的孩子和邻居的孩子做这项调查。

SHYNESS 练习61 与他人一起工作和娱乐
WHAT IT IS, WHAT TO DO ABOUT IT

在你的报告卡中“与他人一起工作和娱乐”这一项上，你会打出什么样的分数呢？你会对自己得到的分数感到满意吗？

事实上，我们应该对孩子与其伙伴的交往保持敏感。老师和父母需要花更多的精力去观察孩子们愿意做什么，不愿做什么，与别人相处得怎样。比如，如果其他孩子只想让他做二号垒的话，孩子可能就不会想和他们打棒球。我们需要问孩子们，是否有人邀请他们去玩，所要执行的任务是否在他们的水平范围内。我们也需要从别人那儿知道，为什么孩子没有得到邀请，为什么孩子总是被忽视等。

锻炼孩子的社交技能

孩子需要机会锻炼他们的社交技能，比如交流技巧、向别人表达情感的能力。所以，请多抽点时间和孩子待在一起，鼓励他们和其他孩子一起参加一些社会活动。

治疗演讲障碍的专家詹姆斯·怀特（James White）认为，事业有成的成年人自小就是一个健谈者。那些口齿伶俐好像无所不知的小孩，通常在家里、学校以及工作和职业以外的场合都很健谈。“害羞、沉默寡言的小孩通常不愿跟随大人出去，”怀特指出，“他们不会给大人太多接触的机会。那些不健谈的孩子通常不善于阅读，成绩也不会很好。大人们要引导孩子，使他们畅谈并帮助他们用合适的词语来表达自己的想法和感情。”怀特还建议在对话中用适度的眼神交流，认为大人要试着把自己放到孩子的角色中去，或者是把孩子提升到自己的高度。

对于那些远离社会活动的害羞孩子，可以教他们一些讨人喜欢的特质，用多种途径引导他们进行交流、合作，并使他们能够引起其他孩子的注意。在第10章中讲到的一些技巧会对害羞的孩子有一定的效果。来自罗切斯特市和伊利诺伊州的一个研究组表明，通过一个月的社会技能训练，没有朋友的三、四年级的孩子们能被其他人接受，并且拥有了朋友。

给予孩子抚摸和信任

“今天拥抱你的孩子了吗？”罗西塔·佩雷斯（Rosita Perez）在博客上提出了这个问题。她每天都会拥抱她的孩子并建议人们也这么做，因为这对孩子的健康有利。研究员詹姆斯·普雷索特（James Pressot）进一步提出，身体接触可以作为一种减少人与人之间、民族与民族之间暴力的有效方式。他的研究表明，身体接触越少的文化越具有攻击性。那些不喜欢和别人有身体接触的人更倾向于对罪犯施以重罚，支持对经济犯用死刑，并且更加固执和崇尚权威。

在抚摸、身体表达和爱方面，有的文化呈支持与开放态度，有些文化则采取禁忌态度。来自地中海和拉丁民族等地的人要比来自北欧和远东的人更开放，更容易被人接纳；在美国，人们遵循英美、北欧标准，禁止男性之间有温柔的身体接触，并且不提倡在公共场合表达爱慕。对很多人来说，只有当医生为其测量脉搏，在拥挤的地铁上，或者是因为进球而摔倒时，他们才会与别人有身体接触。

抚摸以一种直接而原始的方式将我们和别人联系在一起，它让我们不再漂泊、不再迷惘，切实地感受到存在的乐趣和其真实性。拥抱孩子是一件特别快乐的事情，但很多父母在孩子开始长大时就不再习惯于拥抱他们了。

思考并回答下面有关抚摸的问题。

1. 你会抚摸、拥抱、轻拍、亲吻你的伙伴、父母、亲戚或好友吗？如果不会，为什么不这样做呢？
2. 你在孩子面前这样做了吗？如果没有，为什么不这么做呢？
3. 你会拥抱、抚摸、亲吻你的孩子吗？或者曾经这样做过吗？
4. 你经常这样做吗？
5. 你现在还经常这样做吗？
6. 你什么时候、为什么停止或减少了这样的行为？
7. 你喜欢被抚摸吗？
8. 你喜欢抚摸别人吗？
9. 你的孩子喜欢被抚摸吗？你是怎么知道的？

尽量多给孩子一些抚摸吧，特别是害羞的孩子。如果你真的不喜欢这样做，那就强迫自己试着这样做。我常常想起以前周六的晚上，叔叔跟我们做游戏的美好时光。所以，不妨尝试建立一个有益于传递和表达的家庭信息中心。

信任可能是衡量人与人之间关系最重要的尺度，它赶走了令害羞者恐惧的东西，比如遭遇拒绝、嘲笑或背叛，它为友谊铺平了道路，它是爱与接纳的核心。

你可以通过以下方式让你的家庭或班级成员相互信任。

1. 即使不赞成孩子的一些行为，你也要支持他，无条件地接受他，同时，要让他注意到你态度的变化。
2. 使孩子们敞开心扉地谈论自己。
3. 以开放的心态对待孩子。
4. 不要轻易给出承诺。
5. 一定要始终如一，当然，这并不意味着必须死板僵硬地遵循你的标准、价值观和行为准则。
6. 最后，一定要记住，当你给出答案、解决方式或没有能力改变时，确保你在用心地聆听，热心地关注。

下面是几种通过身体接触提升彼此信任的训练方法。

SHYNESS 练习 7 | 跳吧，宝贝，跳吧

WHAT IT IS, WHAT TO DO ABOUT IT ≫

自从我的女儿扎拉能够独立从婴儿床上站起来的那一刻起，我就一直和她玩“跳吧，宝贝，跳吧”的游戏。我鼓励她从桌子上跳到我的怀中。一开始，在说“1、2、3，跳”的时候，我会向她靠近。当她开始会判断时，我试着向后缩回手和身体，这样她就必须跳得更远。信任就这样在我们之间形成了，孩子的动作由起初的迟疑、紧张变得更自由、更大胆，甚至伴随着开心的尖叫。

在游戏过程中，你必须有一个清晰的信号，表示你准备好了，可以开始游戏了。你没有必要站在桌子上亲自做示范，孩子完全可以根据你前后的言行做出判断。

≪

SHYNESS 练习 8 | 信任盲行

WHAT IT IS, WHAT TO DO ABOUT IT ≫

为了体验对视觉的过度依赖导致人们不再信任其他感官的现象，安排两个孩子为一组，让其中一个闭上或蒙上眼睛，坚持 20 分钟或者更久，另一个充当向导。“向导”引导“盲人”环绕房间一圈，穿过大厅来到外面的开阔空间。在这个过程中，“向导”要问“盲人”感觉到了什么，并尽量使其感受到更多、更丰富的内容。在一个安全的地方，最好是一片开阔的场地或整洁的大房间，让“向导”离开“盲人”一会儿。请“盲人”循着“向导”的声音跑去，再通过触觉找到“向导”的头和手。交换角色、重复练习，直至所有的参

与者都能依步骤产生以下相同的感觉：

1. 相信自己的感觉；
2. 信任他们的“向导”；
3. 起初对视觉和“向导”有依赖；
4. 灰心、沮丧和愤怒；
5. 被独自留下；
6. 与“向导”重聚；
7. 交换角色。

SHYNESS 练习 91 | 待人温和

WHAT IT IS, WHAT TO DO ABOUT IT

待人温和在不同的关系中有着不同的含义。对我而言，它总是充满了关心、温暖的情绪，而不是把孩子、学生或朋友当作易碎的瓷娃娃。温和的反义词是严厉，在本书中，温和的反义词也可能是冷酷、淡漠、苛求和薄情。温和是人性中温暖的阳光，它使我们成长，使我们的内心开出自信的花朵。在温和的氛围中成长的孩子，他们的神情和行为都会很阳光。

1. 像歌中唱的那样，下一次试着温柔一点。
2. 不要怕对孩子说“我爱你”，不管他们的年龄有多大或身边有谁，一定要说出并表现出来。
3. 同样，使孩子有机会对你表达温柔。如果你做不到，那就把它当作必须处理的困扰来面对。

给予爱人自由与自主性

当你想帮助自己的伴侣或爱人克服害羞时，我们处理过的大多数案例都会对你有所帮助。在这里，我们会特别关注亲密、自由和自主性。

亲密是与另一个人在身体和精神上的接近。害羞经常使害羞者无法感受到与他人身心的亲近，因此他们很难建立亲密关系，即使在亲密关系中，害羞也会阻碍其与对方的进一步亲密。那么，如何建立亲密关系呢？

1. 花些时间建立必要的信任，并表现出对爱人的关心。
2. 给对方情感上的支持和心理上的安慰。
3. 对爱人表示认同和关注。无论在公共场合还是私人场合，都要表达出“在我眼中，你很特别”。
4. 从建立关系和自我表露开始，就要清晰地表达出自己的感觉，敢于承担自我表露的风险。而且，在亲密关系发展过程中，要一直坚持这样做，因为对害羞者而言，时刻都要逾越害羞的障碍。此外，你的温柔和敏感使你看上去不会过于武断和咄咄逼人，尤其是当你害羞的伴侣是一位有些大男子主义的男人时。
5. 避免对爱人和伴侣做判断性的评价，尤其避免在做爱时给予对方评价，只须尽情地水乳交融，享受身心的愉悦就好了。
6. 表达你的需求、你的不确定以及你想从爱人那里得到什么，也可以表达你在发生关系时的感受。
7. 帮助创造爱的氛围，使配偶中的任何一方都可以没有压力地说出此刻不想做爱，或者告诉对方自己没有达到性高潮，且不因此感到羞愧。
8. 不管性生活是否满意，双方都要共同承担责任。

诗人纪伯伦有一首歌颂爱情的诗歌。

> 快乐地在一起舞唱，却仍让彼此静独，
> 连琴上的那些弦子也是单独的，虽然他们在同一的音调中颤动。
> 彼此赠献你们的心，却不要互相保留。

因为只有生命的手，才能把持你们的心。
要站在一处，却不要太密迩：
因为殿里的柱子，也是分立在两旁，
橡树和松柏，也不在彼此的荫中生长。

害羞的爱人和伴侣并不是你的私人财产，他们既不需要你如视珍宝那样爱惜和守护，也不可能是任你踩踏的门槛。他们需要自由的空间发展自我，也需要独立的身份。只有这样，他们才会是你一开始就爱上的那个人，而不会变成另一个沉默的你。

1. 选择令你们感到舒服，即使分开也感到快乐的朋友或环境。
2. 别人对你们的评价并不重要，更不能要求爱人成为别人期待的那样。
3. 支持爱人有自己的活动、朋友和爱好，这会给你们的生活注入活力。
4. 学习接纳与爱人之间的差异，对问题公开讨论，协商做事，共同合作。
5. 如果你害羞的爱人在焦虑或生气时惯于沉默，尝试着用温柔的办法让他开口讲话，而不是把沉默当成军火库里的武器。
6. 鼓励爱人在犯些小错时一笑了之，营造幽默的氛围。

害羞自助小组与害羞诊所

自助小组为害羞者提供自愿与人见面的机会。这些小组有很多活动方式，我认为最具实效性的是培养他们的交流兴趣，让成员们分享如体育、戏剧、宗教、文学、娱乐等方面的心得。由于成员普遍都很害羞，我们会在图书馆公告栏上公布关于为害羞人群组建的有相同兴趣爱好的娱乐自助小组。主题看似都是很普通的，如《圣经》、保龄球、野炊、表演、晨练、魔术、专用英语、微型战士和科幻等。

为害羞者提供帮助的治疗中心不多，这里主要介绍三个。首先，前景最好的是由宾夕法尼亚州派克大学的格兰特·菲利普斯（Gerald Phillips）博士创办的友情诊所。这个诊所强调交流时的竞争性，让成员用较为缓和的行为方式，来帮助沉默寡言的人克服在舞台上或即将发言时的恐惧，以及害怕在公众场合表演的困扰。

其次，一个与友情诊所类似的组织是由克莱蒙特大学研究中心的心理学家多萝西·史密斯（Dorothy Smith）创办的。她发现越来越多的人愿意加入“害羞工作室”而不是“自我肯定训练工作室”，因为他们最大的困难，不是在特殊场合需要自我肯定，而是很难与他人进行正常的交流。就像前面提到的诊所那样，克莱蒙特害羞工作室强调学习和练习对话技巧的重要性。

最后，是斯坦福的害羞诊所。在这里，我们使用特殊方法帮助就诊者解决各种导致他们害羞的问题。为了缓解焦虑和身体紧张，我们有一项放松、调节情绪的训练。在改变消极的自我认知和提升自尊心方面，我们使用新方法帮助就诊者更明白他们所讲的话，使他们认识到哪些话是不恰当的，并加以调整，这个方法有利于积极自我形象的重塑。和其他方法相比，交流技巧的运用尤为重要，我们通过使用录音带，对就诊者的自我感情表达方面，尤其是一些特殊感情的表达，如生气、发怒、敏感等进行训练。

对高度焦虑者实行角色扮演的训练。例如跳舞、工作面试、约会、在小型会议上发表讲话、进行采访，或是参加宴会，这些场景都是学习克服害羞、提升社会适应力的好时机。

治疗害羞最重要的一步是在真实生活中完成“家庭作业”，诊所规定就诊者必须对完成作业这一训练项目签订契约，只有这样才能保证行之有效。用这种方式，我们对害羞的治疗能更好地和生活融为一体，可以保持治疗的恒久性。

除了特别的治疗方法，我们也会和就诊者谈论一些书本中经常运用的基本方法。

1. 能控制你的感情和所做的事情。
2. 对那些感觉、行动以及结果负责。
3. 你选择了害羞，你的行为就是一个害羞者的行为；从现在起，你选择不再做一个害羞者，可以从自己最感兴趣的事情开始改变。
4. 做某事是你的自由，即使其他人说不能也无法改变这一点；拒绝做某事也是你的自由，即使其他人说你必须做也一样。

也许，更重要的是，我们都要穿越孤独的自我世界之旅，寻找人生真正的意义和目标。正如神学家马丁·布伯（Martin Buber）所说的那样："人们总渴望得到别人的认可，并希望让自己变得很重要，更透彻地说，人们在乎的是别人的肯定，这种肯定可以使其感觉自己很独特。"

本章提要 SHYNESS
WHAT IT IS, WHAT TO DO ABOUT IT

1. 家长和老师如何帮助孩子克服害羞：
（1）鼓励孩子敞开心扉，让他们发现自己的优点和生活中有意义的事；
（2）培养孩子的自立能力，防止他们过度依赖他人；
（3）了解孩子的友谊关系图，针对他们的人际关系情况对症下药；
（4）锻炼孩子的社交技能，鼓励他们积极参加公共活动；
（5）给予孩子抚摸和信任，与他们建立强烈的情感联结。
2. 如何帮助爱人或伴侣克服害羞：
（1）与爱人建立信任，同时给予爱人或伴侣充分的自由和自主性；
（2）参加害羞自助小组或者害羞诊所，获得帮助。

12
塑造人人都具有社会适应力的社会

SHYNESS

WHAT IT IS, WHAT TO DO ABOUT IT

我们常常听到有人说："我宁愿自己的孩子害羞，也不愿意让他像机器人一样没有个性只会服从。"实际上，害羞者往往宁愿服从权威，也不愿意张扬个性；宁愿自己孤独地活着，也不愿意享受人际交往的快乐！

某一天，在西西里岛的乡村医疗诊所里，三位病人发生了激烈的争执，因为他们都认为自己的医生才是最棒的。

其中一位叫尼尼的先生得意地说："我的医生是最棒的外科医生。因为赤脚放羊，我一不小心被荆棘扎进了脚里，他能拔去扎在我脚上的刺，而我毫无痛感。"

第二个年轻人接着说："这根本就没法与伯克盖洛比医生相提并论。伯克盖洛比医生发明了一种神奇的药膏，可以让我因为拉纤而磨破的手顷刻复原。"

"简单的方法只能用来治疗基本的病痛，"第三个年轻人说，"我成天为养家糊口而担忧，我的医生奥卓波漠就教我自我催眠，让我通过想象天上会掉馅饼来排忧解难。"

争吵毫无结果。于是，他们请求看门的老人来评判："老人家，听了我们的故事，您认为到底哪位医生才是最棒的？"

老人慢慢地回答道："可以肯定他们都是非常棒非常好的医生，他们不仅有专业技术，而且还富有想象力。但是我没有上过学，也没有什么经验，所以无法帮你们确定哪个医生是最棒的，或者哪个治疗方案是最好的。我所能做的仅仅是：尼尼先生，送你一双鞋子吧，这样荆棘就扎不到你的脚了；纤夫，送你一双手套，防止你的手再被纤绳磨破；饥饿的朋友，现在送你一碗意大利面，但这不是长久之计，明天你可以做我的助手，赚一份薪水，这样就不用再为养家糊口而烦恼了。”

这个故事的寓意在于，有时候，简单的预防要远远胜过复杂的治疗。

因此，本章的重点是，如何才能使我们自己和他人少一点害羞。在第二部分的前几章,我们详细介绍了一些减少害羞的方法。简而言之就是两个方面：

1. 通过改变人们的想法、感觉、交流方式以及行为来减少或消除害羞；
2. 当害羞真正发生了，通过一些力所能及的行为来缓解害羞。

在本章中，我将着重探讨如何从社会文化层面预防害羞的产生，即如何通过改变人们所处环境的价值观念、社会规范以及情境压力，从而预防害羞的发生。我坚信，找到一个好方法并持之以恒，必然会收到好的效果。

改变使人缺乏社会适应力的社会文化因素

通常来说，想要改变那些并非我们所期望的行为有两个途径：一是改变引起这一行为的原因，二是改变这一行为的结果。前者可用预防性策略，后者可用矫正性策略。打个比方，如果你患了病，那就可以对折磨自己的病症进行治疗，也可以通过打预防针的方法使自己远离疾病。这也就是说，个体可以选择适当的方式治愈疾病，公众可以通过控制疾病产生的条件预防疾病。使用什么样的方法消除害羞并不是最重要的，我们还需要改变导致人们害羞的社会政治文化形态。

如果害羞是存在的，也是令人不快乐甚至是大多数人所不期望的，那么就有必要为害羞者提供及时的帮助，与此同时，也有必要通过我们的工作减少或消除害羞的产生。这两种方法都可以用于治疗害羞，而且二者结合会产生更好的效果。然而，把这个理想付诸实施并非易事。

在对害羞的分析中，我们仔细观察了害羞的个体。我们认为，害羞者和导致人们害羞的人都有责任去改变。但是，导致害羞的社会及其文化根源到底是什么呢？害羞的人要通过怎样的自我肯定训练、放松训练以及系统自我提升训练来克服害羞呢？也许有些人还不知道，“从前害羞”的人，他们的下一代通常也会成为害羞者而加入当前害羞的队伍中来，虽然个体情况有所不同，但这种规律始终存在。尽管有些人能被奇迹般地治愈，但传染源依旧存在。

有时候，改变并没有切实有效地发生，因为人们过于渴望通过改变自己达到目标，而不去改变所处的社会环境和价值观念。有时候，人们找不到解决问题的途径，因为其本身就是问题的一部分。甚至有时候人们根本就认识不到问题的存在，因为找不到问题存在的证据。

我们应该尝试改变环境，或者从社会层面找出解决害羞的途径，这比直接去改变“有问题的人”更加有效。请思考以下例子。

> 在华盛顿，有一个专门针对违法男孩的教养所，教养所的工作人员面对的主要问题就是男孩们的暴力行为。通常，他们会对这些男孩表示关心，奖励非暴力行为，对惯犯进行心理咨询与治疗，并惩罚那些无可救药的滋事者。然而，这些方法都收效甚微。教养所的工作人员转而思考产生攻击性暴力行为的环境因素。他们发现，大部分攻击性行为都发生在走廊上，尤其是在角落里，比如一个男孩不小心用膝盖顶到另外一个，一个顶，另一个推，这样推来搡去，就引发了打架事件。解决办法很简单，他们推倒了墙的死角，拓宽了楼道和转角处，让青少年可以在走廊行走自如而不会彼此冲撞，因此暴力事件显著减少。

举个再简单不过的例子。

> 在居民区的街道上，通过设立交通标志，进行严厉的罚款以及借助媒体的宣传来让司机限制车速，往往效果都不太理想。如果在

路上放置路障，效果就会好很多。通常情况下，一个路障对司机开车速度的影响比两次警告管用得多。

在我的教学生涯中，学生考试作弊的问题一直令我备受困扰。我采取了很多先进的技术手段防范作弊，但都收效甚微。作弊者甚至认为他们也是别无选择的。此时，道德规范不再起作用，监控系统也失效了，作弊成为一种风气，于是我们只能严惩少数的作弊者，想要起到杀一儆百的作用。也就是从那时起，我开始相信整个社会就像是一个大染缸。

在我的课堂上，我怀着中立的心态听学生讲对作弊的看法，我备感震惊，因为这些处罚对于阻止学生作弊毫无裨益。我们关心的问题是作弊的是谁，而不是为何作弊。我发现，作弊的首要原因是激烈的竞争，也就是为了获取少得可怜的神圣的 A；其次，每个人都面临评价的焦虑；再次，学生们永远也不知道自己学到的哪些知识会在考试中出现，而万一失误就不会有第二次机会；最后，因为严肃甚至有些敌意的考试氛围，每个人都想超过别的同学以证明自己的优秀。

我曾采取了这样一种预防策略，即成绩只反映学生对知识的掌握程度而不与其他同学进行比较，如果每个人的表现都高于测试的规定标准，那么每个人都能获得 A。比如，考试中 80% 的题目回答正确就可以得到 A。学生们用不着与同学竞争，只要与自己的学习成果进行比较。在课程学习的过程中，只要他们准备好了，随时可以考试，学生有多次机会而且没有惩罚措施，监考老师会给学生安排房间单独考试。这项研究证实，这样的方法使每个学生都学到了知识，而且大部分学生获得了 A。这种新的学习制度的采用使作弊变得毫无意义，并且使师生之间的关系更加融洽。

这个范例或许可以代替传统的考试方式，通过改变令人不快的环境减少或消除那些不好的行为。同样，我们可以改善社会文化环境从而消除害羞，这或许是最佳选择。

文化观念如何使人变得害羞

吃饭的时候，你用哪只手拿叉子？你是用左手把食物切成小块，用右手送到嘴里吃吗？如果是这样，那你就是一个美国人，因为欧洲人通常是用左手拿叉。

当你在街上遇到一个朋友，你们会互相鞠躬吗？美国人不会这么做，但对于日本人来说，不这么做的话就显得很不礼貌。

你更愿意去帮助一个外国人还是一个本国人？文化背景决定了一个人的归属感。对希腊人而言，让他们有归属感的人包括家庭、朋友和熟悉的观光客，却不包括其他陌生的希腊人；但对于巴黎人和波士顿人来说就不同了，他们更愿意帮助自己的同胞。

从某种程度上来说，我们不一定能够意识到自己所拥有文化的真正内涵，却能通过表达想法、感觉以及行为传递我们的文化理念。因为文化背景不同，即使面对的是简单的疼痛，来自不同国家的人也会表现出许多不同的反应。例如，意大利人对疼痛很敏感，喜欢夸大疼痛的程度；犹太人对疼痛的反应也很强烈，但他们比意大利人更关心疼痛对自己健康的影响；盎格鲁－撒克逊的清教徒只有在独处时才会对疼痛表现出强烈的反应；相反，爱尔兰人则喜欢咬紧牙关，默默地承受疼痛，没有抱怨和哭诉，即使是独处的时候也这样。

文化观念和习俗是如何让人们渐渐变得害羞的？针对这个问题，你可能会提到以下 10 种导致害羞产生的原因：

1. 强烈的个人主义，个性独立，按照自己的方式行事；
2. 崇尚自我，如自恋、以自我为中心、自我意识强；
3. 在激烈竞争的体制内，鼓励个体的成功，视失败为耻辱；
4. 确立无止境的成功标准，却没有教人如何面对失败；
5. 不鼓励表达情感、分享感受与焦虑；

6. 不为两性间建立亲密关系提供机会，在性表达方面有严格的禁忌；
7. 在严格的社会标准下，对个体有条件地接纳和爱；
8. 常常用荣耀的过去与未来的目标做对比，忽视当下所经历的；
9. 生活的环境处于流动、离婚、经济衰退等不确定因素之中；
10. 摧毁普世伦理和集体荣誉感。

试着考虑一下，这种产生害羞的社会情况是否已经在你的周围存在了？你感觉到这些价值观念存在于工作、学校和日常生活中了吗？我相信，在害羞非常普遍且不受欢迎的社会里，我们将会发现上述价值观念中的一条或多条；在一个害羞不具普遍性的社会里，我们会发现上述价值观念不被认同。如果看看害羞在不同文化中的差异，我们可能就会发现产生害羞的文化观念是有所不同的。首先，让我们来看导致害羞产生的文化观念。

日本：害羞是一种安全的生活方式

我们的研究显示，与其他文化相比，在日本的文化中，害羞更为普遍。在日本，害羞者的比例高达 57%。75% 的日本人把害羞看作一种“问题”，超过 90% 的人认为他们自己曾经或目前正处于害羞中，这一比例远远超过了其他国家。事实上，日本人在所有的社会情境中都会害羞。或许是由于文化需求的冲突导致了日本男性的害羞。例如，一个人在家里拥有绝对权威，在外面却必须屈从于其他权威。在日本，男性害羞者的比例远高于女性；在美国，害羞没有性别差异；而在伊朗、墨西哥以及印度，女性害羞的比例远高于男性。

在东方文化中，存在一个看似矛盾的有趣现象，那就是害羞不被认可，而谦逊和矜持被视为美德。事实上，与其他国家和地区的人相比，日本人更多地相信“害羞”会令他们受益，也喜欢害羞。但持这种看法的日本人只占 20%。不过调查显示，越来越多的日本年轻人开始反对这些强加给他们的所谓合乎礼仪的教条，大多数接受采访的学生认为，害羞是一种不可取的态度，他们也不愿意成为害羞的人。

然而，日本是害羞代代相传的社会的典范。采访进一步证实了我的合作者和其他日本学者的研究结论，即日本儿童生活在一种不可避免会产生害羞的文化观念中。了解文化观念是如何传递给日本儿童的，这是一个艰难且复杂的任务，而且容易引起歧义。但是，大量的数据资料都能得出相似的结论：日本的文化观念影响着人们教育孩子的方式，日本父母的教育方式使自己的孩子变成了害羞的儿童。一个针对日本和美国 3 个月到 6 岁之间儿童以及他们的父母的调查显示，与日本人相比，美国儿童更加主动，更会运用语言和肢体语言表达情感，更独立，对其面临的社会和环境更具掌控力。

训练控制情绪，抑制自我表达，专注于细节、计划、规则和仪式，不仅会使人们的自发性行动受到限制，也使他们无法合理地表达焦虑和愤怒。当日本人出现心理问题时，他们一般会将其归咎于自身，他们会从内心恨自己做得不够好。这些文化观念强化了日本人对他人强烈的责任感和使命意识、对权力的尊敬和服从、自我谦让，以及未能达到他人期望的自责。

“依赖”和“羞愧”是从日语字母中发展而来的两个词。“依赖”这个词起初是用来形容孩子对母亲的被动依赖，即想被母亲呵护、安慰和溺爱。但它渐渐渗透到了日本社会结构的方方面面，控制着社会、政治和文化活动。日本文化提倡不管一个人的能力和天赋如何，都应该对上级绝对服从和无条件地忠诚。一个人必须耐心地等待上司赏识，即使这个上司的能力不如自己。一家日本大公司的总裁曾告诉我，要么自己不断前进，使自己脱颖而出，要么就是即使不被认可也要忍耐，这才是一种成熟的表现。对领导者而言，用高权威抑制下属过于良好的自我感觉是明智之举。因为这会使那些强烈的个人主义者受制于严格的社会评价，可以使下属更加服从、依赖自己，并使其更加关心来自他人的正面评价。

在日本，实现社会控制的另一种方式是公众的羞愧心理。事实上，因为羞愧会带来极其严重的消极后果，比如自杀，日本投入了巨大的人力、财力预防人们羞愧。对日本人而言，违背他人期望的任何行为都可能是导致其愧疚的潜在因素。日本人生活在许多类型各异的集体中，如家庭、社区、学校、团队、工作团体等。他们对这类集体的忠诚度非常强烈，每个人从感情上都认为自己有责任去维护和巩固集体的荣誉。如果一个人的举动给集体带来了哪怕是很小的损失、嘲弄或尴尬，都会导致其产生愧疚心理。同样，一旦一个人做了有愧于集体的事，他就会产生愧疚感，而为了使这种羞愧心理彻底消除，他就可能通过一些新的举动来弥补自己对集体的损害，或者是采取自杀的方式主动脱离集体。但是，在外国人看来，这些事根本就谈不上失败，只不过是一些很琐碎的小事，完全不能构成一个人自杀的理由。比如在日本，一个高中棒球队员可能会因为输掉一场比赛而自杀，大学教授可能会因为学生批评其不够用心备课而去自杀，等等。

日本著名心理学者波多野谊余夫（Giyoo Hatano）写道："在日语里，'害羞'与'羞愧'是非常相近的两个词。日本人倾向于害羞，因为他们害怕被嘲笑。"因为对羞愧的畏惧，日本人依赖于集体，将害羞视为一种安全的生活方式，也因此，整个日本社会都得到了控制。

使用依赖和羞愧的策略，可以对反社会行为者施加强烈的心理控制，这也有助于理解在亚洲或美国，为什么东方人的犯罪率都很低。虽然从社会层面上来讲，这种害羞是值得称道的，但它给日本人的个人生活带来了负面影响。

中国：穿越害羞之墙

就像我们所讨论的其他东方文化一样，中国大陆也以集体生活方式为主。不同的是，这种集体生活以积极地关注自我为基础。与其他的东方社会相比，中国的社区生活与以色列有更多相同之处。"友谊第一，比赛第二"是教室墙上和训练场上很常见的标语。判定个人成功与否，取决于集体以及整个社会的价值标准。举例来说，一些儿童会在少年宫选择自己感兴趣的兴趣班，此时，他们有责任学习所有能学会的才能。也就是说，知识、才能和成就不仅是满足个人的需要，而且要“服务于社会”。

我在中国的研究主要是通过行为观察来进行的，我们相信，在中国，害羞并不是一个人的正常反应。我的助手在很多村庄进行采访，发现那里的小孩们会主动走到他跟前，有礼貌地跟他讲话，问他问题，并积极回答他的提问。尽管他去那里是为了进行研究，然而这令孩子们都很好奇。在以前的采访中也有过类似情况，但那时的采访对象是年龄稍大的一些孩子和他们的家庭。

中国孩子中害羞的比较少，其有力的证据来自另外一名美国学者的报告。他研究了中国儿童早期的发展过程，这个儿童心理学团队访问了中国的学校、医院、健康门诊部和一些家庭。通过观察，他们得出结论：中国的儿童有很强的自我控制能力、自我保护能力、独立能力以及生存能力。

通过给予每个人一定的社会地位和规定其集体目标，通过完全信任孩子，通过教育的力量改变每一个人，通过对“害羞不是个人的失败，而是由外部条件和恶劣的社会环境给人带来的消极影响造成的”这一观念的传播，中国文化中的害羞似乎正在被削弱或者被预防。

犹太人：鼓励张扬个性

在所有参与害羞问卷调查的学生中，美籍犹太人表现得最不害羞。根据我们以前对不同人群的研究，通常有超过 40% 的人是害羞的，但在美籍犹太人这一组的调查中，只有 24% 的人认为自己正处于害羞中。此外，他们性格内向的少、外向的多，而且他们的害羞多数是在特定情况下的害羞。

尽管小规模的抽样调查离形成权威的结论还相距较远，但在犹太人中害羞者如此少还是一个很令人惊奇的发现。对犹太人和非犹太人两组进行比较，我们便发现了一些差异：犹太人在群体中，在普遍的社会环境中，或者在被别人评价的情况下，甚至在成为焦点时，都较少出现焦虑情绪；陌生的异性或者同伴很少会使年龄、教育背景、社会地位相仿的犹太人害羞。

不论是对犹太学生以及他们的朋友和亲戚的访谈，还是我的个人体验，都显示犹太文化鼓励张扬个性。确实，在英语中没有对“张扬”这个词的直接翻译，也许在盎格鲁－撒克逊人心中，这个词有着不同的含义。“张扬”可以被定义为独一无二的骄傲的自信心，尽管它可能会暴露人的一些诸如毫无准备、不够有才或不够聪明等缺点，但也可以激发人们的斗志。

对以色列人来说，张扬意味着勇气，是一种勇于同“不可能”作斗争的意志力。以色列人这种张扬的力量使他们不会只看外在评价而付出行动。从长远看，他们不必花太多精力去考虑得失，而是专注于自己想做的事情，这是一种成功的品质。拥有张扬的个性，你可以邀请最漂亮的女孩与你共舞，申请更好的职位，会有更大的升职空间和更快的升职机会，工作也会更加顺手。“不管他们怎么做，但我就是要说‘不’，这从来不会伤害任何人，说‘是’也是一样，这难道不就是我想要的吗？”

但是，这个完全站在害羞对立面的个性风格从何而来？阿亚拉·派因斯博士（Ayala Pines）调查了将近 900 名以色列人，他们的年龄在 13~40 岁之间，包括小学生、大学生、军人和农民，并收集了关于害羞天性的若干数据。以色列害羞人数的比例（35%）远远低于我们所调查的其他 8 个国家。另外，他们中的大部分人从来都不知道什么是害羞，而且大多数人很少有害羞的经历，即便有，也是在极其特殊的情况下。

以色列的犹太人不像其他国家的人一样把害羞看成一个难题。在抽样中，仅有 46% 的犹太人把害羞看作问题行为，与此相比，把害羞看作问题行为的美国学生占 75%，其他美国人占 73%，日本和莫斯科分别占到 64%、印度则高达 82%。

最有可能让以色列人的想法发生改变的是当他们感到脆弱的时候，这种可能同样也会发生在美国集体中。然而，几乎其他所有会使美国人害羞的情况都不会使以色列人害羞。同样，拥有能让美国人害羞力量的那类人在以色列也会失去力量。以色列人或许会令他们的美国亲戚感到局促，因为无论是在新环境或通常的社会环境中，面对权威人士或陌生人，面对别人的评价，面对必须做出判断的情境，还是成为或大或小的集体焦点，他们都能泰然自若。

依据派因斯博士及其他人的研究，具有反害羞倾向性特征的以色列人是通过文化来强有力地推动其发展的。犹太人清楚地认识到了这一点，因此一个世纪以来，他们都把自己看作一个外来者而生存着。但是，当人们抛弃他们时，他们始终用坚定的信念自我安慰，那就是他们是上帝的选民。这种想法造成了他们骄傲的个性，他们不会因为不被接纳或缺乏迷人的外表而感到沮丧。

因为对被迫害的恐惧，犹太人退到自己的生活领域中，而这使他们的家庭团结并以孩子为中心。因此，团体的力量是强大的，即便个体是单薄的。不管父母是多么贫穷和不被接纳，他们的孩子都是宝贵的财富。派因斯说道：

> 孩子是生活的希望，是一个经常在灭亡边缘徘徊的民族未来的希望和保证。因此，以色列是典型的以孩子为中心的民族，他们对孩子的态度是十分积极和宽容的。孩子被看作民族十分重要的宝贵资源，因此在大街上经常见到陌生人靠近小孩，跟他们说话，照顾他们，并告诉他们的母亲该怎样更好地抚养他们长大成人。
>
> 每个以色列的小孩都必须由自己的父母抚养成人，这不仅是一个民族特征，还具有重要的个人意义。在以前，很多以色列人都是移民，这些移民从来没有机会去享受作为父母的义务，所以他们把孩子看作自己未来的梦。因此，为了孩子的兴趣，他们不惜牺牲自己的一切。而这导致的结果是，大部分以色列小孩长大后都感觉自己就是世界的中心，事实上，他们也的确是！

犹太人用积极的态度对待孩子，这在生活的很多方面都有体现，例如孩子常常会加入大人的谈话中去，向亲戚朋友展示自己的才华。虽然有时孩子的表演并不出色，但这仍然会使他们感受到生活的多姿多彩。孩子希望从爱自己的人中得到支持和帮助，同时，他们也关注家人的消极反应，因为这是一种无声的批评或个人偏见。以色列的每个人都关心小孩，即使他们不认识这个孩子，但这个孩子仍然会被当作客人而非陌生人对待，因此孩子更能体会信任。

以色列的小孩大多是在集体农场长大的，人们通过鼓励自立和展示领导才能来减少和防止害羞的出现。以色列集体农庄的小孩并不在经济上依赖父母，父母的责任就是给予孩子们关心、赞扬、无条件的爱、信任和安全感。

以色列人懂得承诺的力量并对行为负责，能够直面自己内心的恐惧。一方面，因为以色列人往往把抚养自己长大的城市留给记忆，移居到世界各地，于是他们要一次又一次地面对陌生。事实证明，成为正直、开放和不受限制的人会得到帮助和受到尊敬。另一方面，在以色列人看来，害羞就意味着柔弱和失败。“在以色列人的词典中，害羞是与弱者、无力迎接挑战、投降以及俘虏等词语联系在一起的。”派因斯博士这样认为。

这些以色列思想文化积淀成为一种坚定的文化信念，使以色列的孩子远离社会焦虑和文化不安感，而美国的小孩就没有那么幸运了。

美国锡南浓村：一个没有害羞的社会

我们不需要到以色列的农场去寻找不存在害羞的世外桃源，在美国就有这样一个地方，在那里，孩子们不用经历害羞，他们都喜欢外出、友好且善于交际，能够直接、毫不掩饰地表达自己的感情。这里就是位于美国加利福尼亚州北部马林县的锡南浓村（Synanon）。锡南浓村是一个改变了生活方式的群体社会，创建于 1985 年。当时，这里是一个类似于戒毒所的地方，后来成了美国城市、农村数千孩子和大人可以永久居住的家园。许多“陌生人”来到社区中并不是为了治疗自己的“人格障碍”，而是为了逃离没有秩序的社会。

我们访问了锡南浓村，它向我们证实了为什么这么多人被这里的生活方式吸引。在这里，每个人都有工作，而且每个人都通过努力工作来获得宽敞的房子和丰盛的食物。井然有序的群体社会结构和强有力的分配机制，有效地控制了暴力、犯罪和一些能够令人上瘾的行为。在这个高度民主的社区，没有特权，人们没有自卑感。自信是值得赞扬的美德，孩子甚至大人经常因为自信而受到奖励。这里限制流动，保持社会的稳定和繁荣，孩子们也因此而拥有长久的友谊。

这个社区最显著的特点是其公共生活和特有的游戏。从幼年开始，孩子们就离开父母，生活在特别设计的简陋居所里。按照年龄划分，社区会组织孩子们和同龄人一起在社区餐厅用餐。这样有利于大人对其进行监督管理，也使大人能够把大部分注意力集中在孩子的成长上，并把尊重、诚信和爱展示给他们。孩子们实际上等于出生在一个大家庭里，这里有很多父亲母亲，因此他们既不会被忽视，也不会有谁是最受偏爱的。孩子们被快乐围绕，他们受到积极、有趣和感情成熟的年轻人照料，即使是陌生人也会得到同样的关怀。对这些儿童进行的心理和社会发展研究结果显示，与同龄人相比，他们在智力发展、社会能力和适应环境等方面都呈现出优势。

锡南浓村的主要活动是游戏。社区中 6 岁以上的所有人都要有规律地参加游戏，这些游戏会持续 1~48 个小时。 在这里每天都有活动，包括正式安排的和随时随地非正式安排的活动。这里不允许任何的身体暴力行为，即便是口头上的偏激语言也不被允许。

在活动中，成员们可以尽情地表达自己的愤怒、挫折以及对其他人行为的不满，与他人一起分享自己的恐惧和不安全感。假设当一个人意识到自己的不当行为产生的消极后果时，他就必须做出改变，并且在必要时进行自我批评。通过进行自我批评和听取他人无恶意、无伤害的批评，他的行为会发生改变，并得到大家的强烈支持。这些游戏把团体精神作为有效的社会控制方式，直接教给社会成员正确的行为。

锡南浓村十分强调团队精神，这就使害羞没有多少存在的空间。孩子们清楚地知道，在教室、简陋居室中或者成年人身边，他们都用不着害羞。当成年人把害羞情绪带到锡南浓村中的时候，他们也会被告知用不着害羞。来到这个文化中，他们就将会摒弃以前害羞给他们带来的所有影响。

害羞是文化价值的外在表现

从这些不同文化对待害羞的观点中，我们能够学到些什么呢？当害羞出现的比例变得越来越高的时候，我们发现，孩子们希望通过自己的优秀得到大人的爱和接纳。他们必须证明自己应该活在这个世界上，这是一个什么样的世界呢？这是一个认可成功并给予奖赏，将失败放大为羞耻的世界，这是一个让孩子产生害羞的世界。在这个社会中，孩子们不被鼓励公开表达想法，缺少与成人接触的机会，不能与同伴自由地玩耍，于是他们过早地学到了生活在自我的世界当中，并且缺乏行动力。

相反，在那些害羞不占主导地位的社会中，如以色列和锡南浓村，他们的文化重心都放在共同的目标上，这就超越了只关注自我的个人利己主义。在这些文化中，孩子是应该被特别对待并奖励的一代，是未来的象征。父母无条件地爱孩子，并注意培养孩子的责任感和组织纪律性。人们可以从失败中吸取教训，但不会被打上永久的烙印。这就为人们彼此交流提供了机会，大家可以共同实践社会技能，共享文化。这种文化看重集体的行动力，并不会把任何一个人放在人际的孤岛上，或许这也是纠正害羞的另一种方法。

通常，当我论述如何在自己的文化中消除害羞时，我总会听到一个声音说：“我宁愿自己的孩子害羞，也不愿意让他像机器人一样没有个性，只会服从。”但是，究竟是什么人像机器一样呢？毕竟，害羞者才是宁愿服从权威和他人的想法，宁愿远离人际交往的快乐而选择孤独地活着。

我不赞成在社会中泯灭个性而寻找解决害羞之道，但我们必须认识到，**害羞是现存文化价值的一种外在表现，克服害羞有助于提高生活质量。**我们可以尽可能改善引起害羞的政治、经济及社会结构，创造一种和谐的社会文化氛围，使人们既可以保持个性，又能接纳多样性。从现在开始，我们就要重新审视自己的文化优越感，从借鉴别的文化入手，改良自己的文化，防止害羞再出现在我们下一代的身上。

我强烈支持用各种方式表达人类潜能。我愿意随着佐巴歌曲起舞，我更热爱生活，我愿意自由地爱与跳舞。因为我属于社会，我是生活在社会中的一员，社会交流体现了我活着的意义。在克服害羞的过程中，我们赞美生活，发现自己以前不敢承认的爱的能力和力量。我们自己、我们的孩子、同伴以及朋友，都值得我们尽自己的一切努力去深刻了解他们！就从此时此地开始吧，让我们成为克服害羞的领头人！

本章提要 SHYNESS WHAT IT IS, WHAT TO DO ABOUT IT

1. 预防害羞，需要从社会文化环境入手。
2. 害羞是现存文化价值的外在表现。
3. 那些重心在共同的目标，而非关注自我的个人利己主义的社会，害羞的状况比较轻。
4. 如何从社会文化层面预防害羞：

（1）改善引起害羞的政治、经济及社会结构；

（2）创建和谐的社会文化氛围，使人既保持个性，又接纳多样性。

译者后记

SHYNESS

WHAT IT IS, WHAT TO DO ABOUT IT

我几乎是带着惊喜、悸动，一次又一次地面对人性中令人着迷的一面——害羞。怀着抽丝剥茧般的心境，我和研究生共同完成了《不再害羞》一书的翻译。

本书的结构简洁得只需浏览一眼就可以记住，由“你为何无法摆脱害羞”和“如何克服害羞，有效提升社会适应力”两大部分构成。第一部分主要是通过访谈细述害羞是什么，分析害羞的产生原因，揭示害羞在人际交往中的表现以及害羞者的内心世界。第二部分旨在帮助害羞者更好地了解自己，了解害羞，并指出具体的、可操作性的方法。

津巴多认为，我们必须用心进入害羞者的个人世界，才能真正了解害羞、理解害羞。作者的调查表明，80% 的人曾经害羞或正在经历着害羞，因此害羞是一种普遍的心理体验。公众害羞者不能自然地与他人交流内心的想法，而是将自己锁在自我的牢笼中，失去了得到帮助、建议、赏识以及爱的机会。而私下害羞者在生活中可能是成功的人，但他们为成功付出了巨大的代价，一方面要克服内心的羞涩面对他人，另一方面也要求获得他人的认可，在心里提心吊胆但很肯定地说：“关注我，接受我！”

津巴多以其深厚的心理学功底，详细介绍了人格心理学派、行为学派、精神分析学派、社会心理学家的观点，也提出了自己的观点，即害羞更多地源于社会因素，如搬家与独居、第一综合征、归因与标签等。

作者还认为，害羞是现存文化观念的一种外在表现，克服害羞有助于提高我们的生活质量。我们共同期待，能够营造一种和谐的社会文化氛围，既可以保持个性又能接纳多样性，使人们能够充分享受个性和人生，充分感受当下的美好。

这本书带给我的心灵地震是前所未有的，一本严谨的学术专著，其语言如同小说般优美，让我通过他的笔，看到一位卓越的心理学家的社会责任感，对人性的解读、理解、思考与宽容。

当这本书送到我手中时，我就迫不及待地读了起来，心里被一种轻柔而细致的东西轻轻触碰着，虽然悄无声息，却有一种轻而尖的疼痛感，安然漫上心头的是那种难以释怀的感觉。通过作者细腻的文字与翔实的研究，我看到了那些害羞的人，如同我的亲人、朋友、学生、邻居般，一直默默地生活在害羞的世界中，我也看到了他们的窘迫、困境和强烈的改变害羞的愿望以及所做的努力。

对本书的全文校译，我是在美国杨百翰大学完成的。这所学校虽位于犹他州的普沃小市，却是全美最大的教会大学。坐在充满异国情调的办公室窗下，看着似乎近在眼前却有些遥远的雪山，在透过浅色百叶窗的景色映照中，我开始了自己的校译工作。轻柔的时日飘过，我看着落雪缀在树杈上，看着小树渐渐抽芽泛黄再变绿，看着不知名的树开出一团团粉嫩的花，看着年轻的学子在校园穿梭……校译《不再害羞》的过程也是我在异国他乡适应学习生活的过程。

我不时问自己："你是一个害羞的人吗？"初来乍到的日子，我常常在课堂上沉默着，沉默可能是最好的自我防御。当老师用眼睛扫过我时，我的内心也像撞进一只小鹿般怦怦直跳，心中默默祈祷：千万不要叫我；听课时，我的整个脑袋都是高度紧张而焦虑的。这样的经验也让我从感性上对害羞有了直接的感受。也正是《不再害羞》这本书，伴随我走过了那段日子，因此，我对本书更有了一份特殊的感情与牵挂。

特别感谢合作翻译此书的所有老师和学生，他们是刘元元、林妍、曹薇、周文清、孙少威和王静。其中，林妍、曹薇、周文清老师都是英语专业毕业，又受过良好的心理学训练，读者可以在阅读本书的过程中感受到他们的专业素养与功底；刘元元、孙少威、曹薇和王静都已参加《阿内特青少年心理学》一书的翻译，她们对翻译倾注的才情与精力、执着与专业令我感动！

感谢张新立教授的点拨，我们不止一次坐在徐州某家咖啡馆临窗的位置上，对难以把握的字句进行探讨，张教授对语言的敏锐总能给我拨云见日的点化。如第 11 章作者选了纪伯伦《先知》里“婚姻”一章的诗歌，张教授用心找到冰心 1931 年的译稿，并提出了自己的建议“有些字句在 20 世纪 30 年代能让当时的人理解，而现在有了歧义”，并附上了他的翻译：

> 一起欢乐地唱歌跳舞，但要让彼此有单独的时空，
> 琴上的那些弦子也是单独的，虽然它们以相同的音调颤动。
> 奉献出你们的心，但彼此不要占有对方的心，
> 因为只有生命之手，才能把持你们的心。
> 要站在一起，但不要靠得太紧，
> 因为那神殿的廊柱，也是彼此分立的，
> 还有那橡树和松树，也不在彼此的树荫中生长。

虽然译著中依然引用了冰心的原译，但我想在此将张新立教授的译文与读者分享，因为翻译的魅力正在于此！

未来，属于终身学习者

我这辈子遇到的聪明人（来自各行各业的聪明人）没有不每天阅读的——没有，一个都没有。巴菲特读书之多，我读书之多，可能会让你感到吃惊。孩子们都笑话我。他们觉得我是一本长了两条腿的书。

——查理·芒格

互联网改变了信息连接的方式；指数型技术在迅速颠覆着现有的商业世界；人工智能已经开始抢占人类的工作岗位……

未来，到底需要什么样的人才？

改变命运唯一的策略是你要变成终身学习者。未来世界将不再需要单一的技能型人才，而是需要具备完善的知识结构、极强逻辑思考力和高感知力的复合型人才。优秀的人往往通过阅读建立足够强大的抽象思维能力，获得异于众人的思考和整合能力。未来，将属于终身学习者！而阅读必定和终身学习形影不离。

很多人读书，追求的是干货，寻求的是立刻行之有效的解决方案。其实这是一种留在舒适区的阅读方法。在这个充满不确定性的年代，答案不会简单地出现在书里，因为生活根本就没有标准确切的答案，你也不能期望过去的经验能解决未来的问题。

而真正的阅读，应该在书中与智者同行思考，借他们的视角看到世界的多元性，提出比答案更重要的好问题，在不确定的时代中领先起跑。

湛庐阅读App：与最聪明的人共同进化

有人常常把成本支出的焦点放在书价上，把读完一本书当作阅读的终结。其实不然。

时间是读者付出的最大阅读成本

怎么读是读者面临的最大阅读障碍

“读书破万卷”不仅仅在“万”，更重要的是在“破”!

现在，我们构建了全新的“湛庐阅读”App。它将成为你“破万卷”的新居所。在这里：

- **不用考虑读什么，你可以便捷找到纸书、电子书、有声书和各种声音产品；**
- **你可以学会怎么读，你将发现集泛读、通读、精读于一体的阅读解决方案；**
- **你会与作者、译者、专家、推荐人和阅读教练相遇，他们是优质思想的发源地；**
- **你会与优秀的读者和终身学习者为伍，他们对阅读和学习有着持久的热情和源源不绝的内驱力。**

从单一到复合，从知道到精通，从理解到创造，湛庐希望建立一个“与最聪明的人共同进化”的社区，成为人类先进思想交汇的聚集地，与你共同迎接未来。

与此同时，我们希望能够重新定义你的学习场景，让你随时随地收获有内容、有价值的思想，通过阅读实现终身学习。这是我们的使命和价值。

CHEERS

本书阅读资料包

给你便捷、高效、全面的阅读体验

本书参考资料

湛庐独家策划

- 参考文献
  为了环保、节约纸张，部分图书的参考文献以电子版方式提供
- 主题书单
  编辑精心推荐的延伸阅读书单，助你开启主题式阅读
- 图片资料
  提供部分图片的高清彩色原版大图，方便保存和分享

相关阅读服务

终身学习者必备

- 电子书
  便捷、高效，方便检索，易于携带，随时更新
- 有声书
  保护视力，随时随地，有温度、有情感地听本书
- 精读班
  2~4周，最懂这本书的人带你读完、读懂、读透这本好书
- 课　程
  课程权威专家给你开书单，带你快速浏览一个领域的知识概貌
- 讲　书
  30分钟，大咖给你讲本书，让你挑书不费劲

湛庐编辑为你独家呈现
助你更好获得书里和书外的思想和智慧，请扫码查收！

（阅读资料包的内容因书而异，最终以湛庐阅读App页面为准）

倡导亲自阅读

不逐高效，提倡大家亲自阅读，通过独立思考领悟一本书的妙趣，把思想变为己有。

阅读体验一站满足

不只是提供纸质书、电子书、有声书，更为读者打造了满足泛读、通读、精读需求的全方位阅读服务产品 —— 讲书、课程、精读班等。

以阅读之名汇聪明人之力

第一类是作者，他们是思想的发源地；第二类是译者、专家、推荐人和教练，他们是思想的代言人和诠释者；第三类是读者和学习者，他们对阅读和学习有着持久的热情和源源不绝的内驱力。

CHEERS

以一本书为核心

遇见书里书外，更大的世界

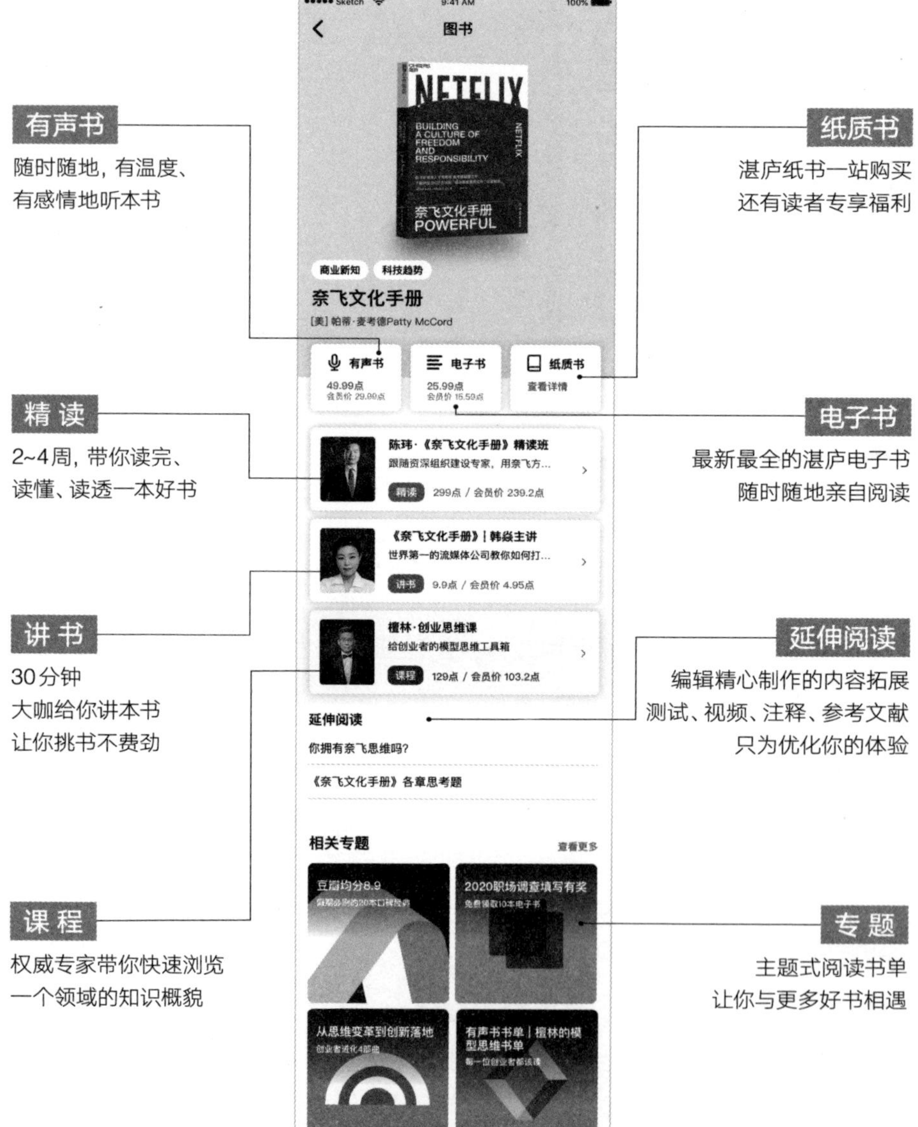

有声书
随时随地，有温度、
有感情地听本书

纸质书
湛庐纸书一站购买
还有读者专享福利

精读
2~4周，带你读完、
读懂、读透一本好书

电子书
最新最全的湛庐电子书
随时随地亲自阅读

讲书
30分钟
大咖给你讲本书
让你挑书不费劲

延伸阅读
编辑精心制作的内容拓展
测试、视频、注释、参考文献
只为优化你的体验

课程
权威专家带你快速浏览
一个领域的知识概貌

专题
主题式阅读书单
让你与更多好书相遇

This edition published by arrangement with Da Capo Press, an imprint of Perseus Books, LLC, a subsidiary of Hachette Book Group, Inc., New York, New York, USA.

图书在版编目（CIP）数据

不再害羞：如何提高你的社会适应力 /（美）菲利普·津巴多著；段鑫星等译 . —北京：北京联合出版公司，2018.12（2024.11重印）

ISBN 978-7-5596-2776-6

Ⅰ . ①不… Ⅱ . ①菲… ②段… Ⅲ . ①内倾性格—通俗读物 Ⅳ . ① B848.6-49

中国版本图书馆 CIP 数据核字（2018）第 256973 号

著作权合同登记号

图字：01-2018-7872

上架指导：畅销书 / 心理学

不再害羞：如何提高你的社会适应力

作　　者：［美］菲利普·津巴多
译　　者：段鑫星　等
选题策划：湛庐CHEERS
责任编辑：徐　鹏
封面设计：ablackcover.com
版式设计：湛庐CHEERS　耿园园

北京联合出版公司出版
（北京市西城区德外大街 83 号楼 9 层　100088）
石家庄继文印刷有限公司印刷　新华书店经销
字数 224 千字　710 毫米 ×965 毫米　1/16　17.25 印张
2018 年 12 月第 1 版　2024 年 11 月第 6 次印刷
ISBN 978-7-5596-2776-6
定价：69.90 元
